U0139818

记
号
/M/A/R/K/

真知　卓思　洞见

茶经译注

[唐] 陆羽 —— 著

沈冬梅 —— 译注

北京科学技术出版社

图书在版编目（CIP）数据

茶经译注 /（唐）陆羽著；沈冬梅译注 . -- 北京：
北京科学技术出版社，2024.7
ISBN 978-7-5714-3792-3

Ⅰ . ①茶… Ⅱ . ①陆… ②沈… Ⅲ . ①茶文化—中国
—古代②《茶经》—译文③《茶经》—注释 Ⅳ .
①TS971.21

中国国家版本馆CIP数据核字（2024）第062605号

选题策划：记　号	邮政编码：100035
策划编辑：马春华	电　话：0086-10-66135495（总编室）
责任编辑：武环静	0086-10-66113227（发行部）
编辑助理：郭玉平	网　址：www.bkydw.cn
责任校对：贾　荣	印　刷：北京华联印刷有限公司
封面设计：李　响	开　本：889 mm×1194 mm 1/32
图文制作：刘永坤	字　数：174 千字
责任印制：吕　越	印　张：10.25
出 版 人：曾庆宇	版　次：2024 年 7 月第 1 版
出版发行：北京科学技术出版社	印　次：2024 年 7 月第 1 次印刷
社　　址：北京西直门南大街 16 号	
ISBN 978-7-5714-3792-3	

定　　价：98.00 元

目录

凡　例 / 44

卷　上

002　一之源

024　二之具

042　三之造

卷　中

060　四之器

卷　下

098　五之煮

120　六之饮

136　七之事

184　八之出

210　九之略

222　十之图

附 录

228　附录一　陆羽传记

236　附录二　历代《茶经》序跋赞论

254　附录三　宋刻《百川学海》本
　　　　　　《茶经》考论

引用书目 / 266

后　记 / 273

前言

一、作者陆羽

《茶经》三卷十篇，唐复州竟陵（今湖北天门）陆羽（733—约804）撰。

陆羽，唐复州竟陵人，字鸿渐，一名疾，字季疵。居吴兴（今浙江湖州），号竟陵子；居上饶（今属江西），号东冈子；于南越（今岭南），称桑苎翁。羽自传云其不知所生，三岁时被遗弃野外，龙盖寺（后名为西塔寺）僧智积于水滨得而收养之。及长，以《易》自筮，得"蹇"之"渐"卦曰："鸿渐于陆，其羽可用为仪。"遂以为名姓，姓陆名羽字鸿渐。一说因智积俗姓陆，故羽以陆为姓（见《因话录》卷三）。

羽九岁，学属文。智积欲令其学佛，"示以佛书出世之业"，而羽心向儒，答曰："终鲜兄弟，无复后嗣，染衣削发，号为释氏，使儒者闻之，得称为孝乎？羽将校孔氏之文，可乎？"积公屡劝不从，因罚以扫寺地、洁僧厕、践泥圬墙、负瓦施屋、牧牛等重务。在这些沉重劳动之余，陆羽仍然坚持识文学字。没有纸练习写字，就用竹枝在牛背上写。有一次向学者请教不认识的字时，从学者那里得到一份张衡的《南都赋》，虽然不能尽识其字，陆羽还是仿照着学童的样子，在放牛的草地上正襟危坐，对着打开的《南都赋》嚅动嘴巴，好似在念书。智积知道陆羽坚持学习的情况后，怕他"渐渍外典"，看多了佛家之外的典籍，心去佛道日远，就将陆羽拘束在寺中，"芟翦榛莽"，并派门人之伯看管他。陆羽一边干活一边默诵所学，"或时心记文字，慊焉若有所遗，灰心木立，过日不作，主者以为慵惰，鞭之，因叹'岁月往矣，恐不知其书'，呜咽不自胜。主者以为蓄怒，又鞭其背，折其楚，乃释。因倦所役，舍主者而去。"（《陆文学自传》）陆羽不堪困辱逃寺而去，投靠当地戏班，弄木人、假吏、藏珠之戏，以演戏为生，很快显现才华，著《谑谈》三篇。

唐玄宗天宝五载（746），州人聚饮于沧浪之洲，邑吏以羽为伶正之师，参加欢庆活动。时河南太守李齐物谪守竟陵，见羽而异之，抚背赞叹，亲授诗集。此后，陆羽负书火门山邹夫子门下，受到了正规教育。天宝十一载（752），礼部郎中崔国辅贬为竟陵司马，很赏识陆羽，相与交游三年，品茶论水，诗词唱和，雅意高情，一时所尚，有酬酢诗歌合集流传。崔国辅离开竟陵与陆羽分别时，以白驴乌犊一头、文槐书函一枚相赠，《全唐诗》卷一一九今存崔国辅《今别离》一首，疑为二人离别之作。李齐物的赏识及与崔国辅的交往，使陆羽得以躐身士流、闻名文坛。

天宝十四载（755），安禄山叛，次年入潼关，玄宗奔蜀。肃宗至德初年（756），北方人大量南迁以避战祸，正在陕西游历的陆羽亦随流民渡江南行。至德二年（757），陆羽至无锡，游无锡山水，品惠山泉，结识时任无锡尉的皇甫冉。行至浙江湖州，与诗僧皎然结为缁素忘年之交，曾与之同居妙喜寺。乾元元年（758），陆羽寄居南京栖霞寺研究茶事。其间皇甫冉、皇甫曾兄弟数次来访。肃宗上元元年（760），陆羽隐居湖州，结庐苕溪之湄，闭关对书。

上元二年（761），陆羽作自传一篇（后人题为《陆文学自传》）。其中记叙至此时他已撰写的众多著述，有《茶经》三卷、《吴兴历官记》一卷、《南北人物志》十卷等。代宗广德二年（764），陆羽赴江苏考察茶事。在维扬（今江苏扬州）适遇宣慰江南的御史大夫李季卿，李邀羽煎茶，品第天下宜茶之水，李录之为《水品》。代宗大历二年（767）至三年（768）间，陆羽在常州义兴县（今江苏宜兴）君山一带访茶品泉，建议常州刺史李栖筠上贡阳羡茶。《纪异录》记陆羽于代宗时应诏进京，代宗命陆羽煎茶赐积公。大历五年（770）三月以后，陆羽寄茶与祭酒杨绾："顾渚山中紫笋茶两片，此物但恨帝未得尝，实所叹息。一片上太夫人，一片充昆弟同歃"（《南部新书》卷五）。大历八年（773）正月，颜真卿到湖州刺史任。春，大理少卿卢公幼平承诏祭会稽山，将山阴古卧石一枚携至湖州送与陆羽，皎然作《兰亭古石桥柱赞并序》记其事。夏六月，陆羽应颜真卿约参加其主编的《韵海镜源》编撰工作。桂香时节，陆羽折桂赋诗寄颜真卿，颜作《谢陆处士杼山折青桂花见寄之什》。冬十月，颜真卿建新亭在妙喜寺左落成，因时在癸丑年、癸卯月、癸亥日竣工，陆羽为之题名曰"三癸亭"。颜作《题杼山癸亭得暮字》，皎然和作《奉和颜使君真卿与陆处士羽登妙喜寺三癸亭》。颜真卿、皎然、陆羽等又作《水亭泳风联句》《溪馆听蝉联句》《月夜啜茶联句》《喜皇甫曾侍御见遇南楼玩月联句》等（并见《全唐诗》卷七八八）。大历九年（774）春，陆羽等完成《韵海镜源》修订，颜真卿设宴庆贺，共作《水堂送诸文士戏赠潘丞联句》。夏，耿湋以右拾遗出使江淮，与陆羽作《连句多暇赠陆三山人》。大历十年（775），陆羽在湖州建青塘别业。皎然、李萼等前往祝贺，皎然作《同李侍御萼李判官集陆处士羽新宅》（《全唐诗》卷八一七），适义兴太守权德舆慕名造访，皎然作《喜义兴权明府自君山至集陆处士羽青塘别业》（同前）。本年陆羽曾随李纵赴无锡，撰《游惠山寺记》（《全唐文》卷四三三）。

颜真卿于大历十二年（777）离开湖州刺史任，以年七十请致仕未获允，十三年（778）入朝任刑部尚书。现有研究认为当是颜真卿入朝之后，在适当的机会奏授陆羽官职，乃除太常寺太祝。建中元年（780）五月，戴叔伦出任东阳县令，从其诗题"敬酬陆山人"来看，陆羽此时尚未被授予官职。建中三年（782），戴叔伦赴江西李皋幕，陆羽随之离开湖州移居江西。德宗贞元元年（785），陆羽移居信州（今江西上饶），孟郊往访，有《题陆鸿渐上饶新开山舍》诗（《全唐诗》卷三七六）。贞元二年（786）岁暮，陆羽移居洪州玉芝观。戴叔伦辞抚州刺史回，与羽相聚洪州。岁除日戴叔伦因事被牒赴抚州辩对，作《岁除日奉推事使牒追赴抚州辩对留别崔法曹陆太祝处士上人同赋人字口号》（《全唐诗》卷二七四）。陆羽信任戴氏无罪，有诗作相赠。戴叔伦辩对无罪后作《抚州被推昭雪答陆太祝三首》（同前）。贞元三年（787）春，权德舆作有《萧侍御喜陆太祝自信州移居洪州玉芝观诗序》（《全唐文》卷四九〇）。同年，陆羽受裴胄邀请，自洪州赴湖南幕府。权德舆作有《送陆太祝赴湖南幕同用送字》诗，诗云："不惮征路遥，定缘宾礼重。新知折柳赠，旧侣乘篮送。此去佳句多，枫江接云梦。"（《全唐诗》卷三二四）贞元五年（789）之前，陆羽由湖南赴岭南，入广州刺史、岭南节度使李复（李齐物之子）幕。在容州与病中戴叔伦相逢。贞元五年（789）正月，陆羽为王维所作孟浩然画像作序。到广州

后，陆羽的官衔为太子文学，很可能是李复奏授。陆羽约在贞元九年（793）由岭南返回江南。此后陆羽行历不明。贞元二十年（804）冬，陆羽卒于湖州，葬杼山，与皎然砖塔相对。（一说陆羽晚年回故乡竟陵卒。）

时人称陆羽"词艺卓异，为当时闻人"（权德舆《萧侍御喜陆太祝自信州移居洪州玉芝观诗序》），"有文学，多意思，耻一物不尽其妙，茶术尤著"（《唐国史补》卷中）。后人评陆羽"工古调歌诗，兴极闲雅，著书甚多"（《唐才子传》卷八）。陆羽又擅书法，尝为唐吴县永定寺书额。

陆羽在文学、史学、茶文化学与地理、方志等方面都取得了很大成就，然而在其身后，影响至深、流传最广的是他所著《茶经》。"自从陆羽生人间，人间相学事春茶。"（梅尧臣《次韵和永叔尝新茶杂言》）陆羽在当时就被人奉为茶神、茶仙。在《连句多暇赠陆三山人》诗中，耿湋即称陆羽"一生为墨客，几世作茶仙"。李肇《唐国史补》记载，唐后期时人们已经将陆羽作为茶神看待："巩县陶者多瓷偶人，号陆鸿渐，买数十茶器得一鸿渐，市人沽茗不利，辄灌注之。"《唐才子传》称陆羽《茶经》"言茶之原、之法、之具，时号'茶仙'"，此后"天下益知饮茶矣"。陆羽及其《茶经》对茶业及茶文化的发生、发展起着不可磨灭的创始作用。

二、《茶经》的撰写、修改与主要内容

陆羽幼年在龙盖寺时要为智积师父煮茶，煮的茶非常好，以至于陆羽离开龙盖寺后，智积便不再喝别人为他煮的茶，因为别人煮的茶都没有陆羽煮的茶合乎积公的口味（《纪异录》）。幼时的这段经历对陆羽影响至深，它不仅培养了陆羽的煮茶技术，更重要的是激发了陆羽对茶的无限兴趣。陆羽青年时与贬官于竟陵的崔国辅"游三岁，交情至厚，谑笑永日。又相与较定茶、水之品……雅意高情，一时所尚"（《唐才子传》卷一），成为文坛佳话。与崔国辅分别后，陆羽开始了个人游历，他首先在复州邻近地区游历。天宝十四载（755）安禄山叛乱时，陆羽在陕西，随即与北方移民一道渡江南迁，如其自传中所说"秦人过江，予亦过江"。在南迁的过程中，陆羽随处考察了所过之地的茶事。与其交往的皇甫冉、皇甫曾、皎然等写有多首与陆羽外出采茶有关的诗。上元初，陆羽隐居湖州，与释皎然、玄真子张志和等名人高士为友，"结庐于苕溪之湄，闭关对书，不杂非类，名僧高士，谈讌永日"。同时陆羽撰写了大量的著述，至上元二年（761）已作有《君臣契》三卷、《源解》三十卷、《江表四姓谱》八卷、《南北人物志》十卷、《吴兴历官记》三卷、《湖州刺史记》一卷、《茶经》三卷、《占梦》三卷等多种著述（《陆文学自传》）。《茶经》是所有这些

著述中唯一传存至今的著作。

关于《茶经》成书的时间，学界有760年、764年、775年三种意见。三说各有所据，然皆有偏颇。应是《茶经》经历了初稿及修改稿的过程，而且其初稿、修改稿皆有流传。

《茶经》初稿完成于上元二年（761）之前，因为在这年陆羽写了自传，其中记述他自己已完成的著作中有《茶经》一项，则《茶经》初稿定撰成于上元二年（761）撰写自传之前。日本布目潮沨先生根据《茶经·八之出》所列地名研究发现，《茶经》所载产茶州县地名，除极个别外，都是758—761年间所改名，表明《茶经》写作时间当在758—761年间。这从另一角度证明《茶经》写作时间当在761年之前。

陆羽在《茶经·四之器》中记述自己所制风炉一足上刻有"圣唐灭胡明年铸"语，一般据此认为，《茶经》在764年之后曾做修改。布目潮沨先生据诗人元结（719—772）《大唐中兴颂》一诗认为肃宗回到长安的至德二年（757）为唐中兴且"灭胡"的年份。按此论颇有不妥。虽然可以以肃宗回长安为大唐中兴的标志，但却不能说是此年已经"灭胡"了。至德二年（757）正月，安禄山为其子安庆绪所杀。九月，唐军攻克长安。史思明降而复反，与安庆绪遥相声援。乾元元年（758）九月，唐廷派郭子仪、李光弼等九节度使统兵二十余万

（后增至六十万）讨安庆绪。次年三月，史思明率兵来援，唐军六十万众溃于城下。史思明杀安庆绪，还范阳，称大燕皇帝。九月，攻占洛阳，与唐军相持年余。上元二年（761）二月，李光弼攻洛阳失败。三月，史思明为其子史朝义所杀。宝应元年（762）十月，唐借回纥兵收复洛阳，史朝义奔莫州，于次年即广德元年（763）正月又逃往范阳，为其部下所拒，穷迫自杀，历时七年又两个月的安史之乱，至此彻底平定。

据成书于八世纪末的唐封演《封氏闻见记》卷六《饮茶》载：

> 楚人陆鸿渐为《茶论》，说茶之功效，并煎茶、炙茶之法，造茶具二十四事以都统笼贮之，远近倾慕，好事者家藏一副。有常伯熊者，又因鸿渐之论广润色之。于是茶道大行，王公朝士无不饮者。御史大夫李季卿宣慰江南，至临淮县馆，或言伯熊善茶者，李公请为之。伯熊着黄被衫、乌纱帽，手执茶器，口通茶名，区分指点，左右刮目。茶熟，李公为歠两杯而止。既到江外，又言鸿渐能茶者，李公复请为之。鸿渐身衣野服，随茶具而入。既坐，教摊如伯熊故事，李公心鄙之，茶毕，命奴子取钱三十文酬煎茶博士。鸿渐游江介，通狎胜流，及此羞愧，复著《毁茶论》。

茶經卷上

竟陵陸　羽　撰

一之源　二之具　三之造

一之源

茶者南方之嘉木也一尺二尺迺至數十尺其巴山峽川有兩人合抱者伐而掇之其樹如瓜蘆〔瓜蘆木出廣州似茶至苦澀〕葉如梔子花如白薔薇實如栟櫚〔栟櫚蒲葵之屬其子似茶胡桃與茶根皆下孕兆至瓦礫苗木上抽〕葉如丁香根如胡桃其字或從草或從木或草木并〔從草當作茶其字出開元文字從木當作[木茶]其字出本草草木并作[茶]其字出爾雅〕其名一曰茶二曰檟三曰蔎四曰茗五曰荈〔周公云檟苦茶揚執戟云蜀西南人謂茶曰蔎郭弘農云早取為茶晚取為茗或一曰荈耳〕其地上者生爛石中者生櫟壤下者生黃土凡藝

茶經卷中

　唐　竟陵陸羽鴻漸著

　明　晉安鄭熜㭶㮫校

四之器

風爐　灰承

風爐以銅鐵鑄之如古鼎形厚三分緣闊九分令
六分虛中致其杇墁凡三足古文書二十一字一
足云坎上巽下離于中一足云體均五行去百疾
一足云聖唐滅胡明年鑄其三足之間設三窓底
一窓以為通飇漏爐之所上並古文書六字一窓
之上書伊公二字一窓之上書羹陸二字一窓之
上書氏茶二字所謂伊公羹陸氏茶也置墆㙞於
其內設三格其一格有翟焉翟者火禽也畫一卦
曰離其一格有彪焉彪者風獸也畫一卦曰巽其
一格有魚焉魚者水蟲也畫一卦曰坎巽主風離
主火坎主水風能興火火能熟水故備其三卦焉
其飾以連葩垂蔓曲水方文之類其爐或鍛鐵為
之或運泥為之其灰承作三足鐵柈擡之

日本翻刻明郑熜本《茶经》书影

这是表明《茶经》在 764 年前后有不同版本的另一证据。《茶经》在 758—761 年完成初稿之后就广为流行（唯曾被人称名为《茶论》而已），北方的常伯熊就因之而润色，并以其中所列器具行茶事。御史大夫李季卿宣慰江南，行次临淮县，常伯熊为之煮茶。李季卿行江南在 764 年，则常伯熊得陆羽《茶经》而用其器习其艺当更在 764 年之前，而《茶经·四之器》风炉足上铭文"圣唐灭胡明年铸"语表明，在唐朝彻底平定安史之乱后的第二年即 764 年，陆羽曾对《茶经》做过修改。只不过《茶经》的初稿至今再也无法得见鳞爪。

773 年应邀参加《韵海镜源》的编撰工作成为陆羽修改《茶经》的新契机，有论者以为陆羽应颜真卿邀参加其主编的《韵海镜源》编纂工作时，接触了大量文献，有助于他在 774 年完成编纂工作后补充修改《茶经·七之事》中与茶有关的历史、医药、文学的文献记录，陆羽当凭借从中所获的大量文献资料对《茶经》部分内容尤其是《七之事》部分进行补充修改。这一推论合乎情理。不同意 775 年之后《茶经》再度修改者，以《韵海镜源》有关茶的资料尚有三条未全入《茶经·七之事》，推证陆羽未用《韵海镜源》资料补充《茶经·七之事》，则亦未见得。如王褒《僮约》一条，可能就是陆羽故意不选用的。不选入的理由，可能这茶事是僮仆所为之事，一为买茶二为净具，不符合《茶经·七之事》选取名人茶事以助茶成经的出发点。

另有布目潮沨先生认为，陆羽年轻时当无从读得偌多的文献并从中找到四十多条茶的资料，他寻求陆羽的知识来源，以为来自南北朝时的一种类书，且此类书共为《茶经》及《太平御览》编撰者的知识来源。布目潮沨先生可能是太小觑中国古代的读书人了，虽说古时书不易得而读之，但像陆羽"负书火门山邹夫子"那样一旦受教于学者，岂非可得书而读？且从陆羽到湖州不久就写出《湖州历官记》之类的著述来看，陆羽在读书、著述方面是很有才华的。并且《茶经》《太平御览》茶事数据共源论，亦不足以解释在《太平御览》所用陆羽之后材料12条之外，二者尚有11条未共用的材料。所以说，推论《茶经·七之事》曾经过补充是合乎情理的。

有研究者认为《茶经》约正式刊行于780年左右。这一推论有一定道理，因为此后陆羽曾较长时间定居江西，却未如在浙江湖州时那样，将所经历地的茶产，细致记入《茶经·八之出》茶产地的小注中。其后所经历的湖南、广东等地区也未有茶产地加入《茶经·八之出》。抑或陆羽曾再修改补充《茶经》内容，但是因为其同时代的名人文友皆已殁世凋零，陆羽文名不再盛，不能再助其文行传于世亦未可知。

《茶经》上、中、下三卷十篇，内容十分丰富。卷上《一之源》言茶之本源、植物性状、名字称谓、种茶方式及茶饮的俭德之性。《二之具》叙采制茶叶的用具尺寸、质地与用法。《三之造》论采制茶叶的适宜季节、时间、天气状况，以及对原料茶叶的选择、制茶的七道工序、成品茶叶的质量鉴别。卷中《四之器》记煮饮茶的全部器具，计二十四组三十种。全套茶具的组合使用体现着陆羽以"经"名茶的思想，风炉、鍑、夹、漉水囊、碗等器具的材质使用与形制设计，则具体体现出陆羽五行协谐的和谐思想、入世济世的儒家理想以及对社会安定和平的渴望。陆羽在关注世事的同时，又满怀山林之志，是典型的中国传统人文情怀。卷下《五之煮》介绍煮茶程式及注意事项，包括炙茶碾茶、宜火薪炭、宜茶之水、水沸程度、汤花之育、坐客碗数、乘热速饮等方面。《六之饮》强调茶饮的历史意义由来已久，区分除加盐之外不添加任何物料的单纯煮饮法与夹杂其他食物淹泡或煮饮的区别，认为真饮茶者只有排除克服饮茶所有的"九难"，才能领略茶饮的奥妙真谛。《七之事》详列历史人物的饮茶事、茶用、茶药方、茶诗文以及图经等文献对茶事的记载。《八之出》列举当时全国各地的茶产并品第其质量高下，而对于不甚了解地区的茶产，则诚实地称"未详"。《九之略》列举在野寺山园、瞰泉临涧诸种饮茶环境下种种可以省略不用的制茶、煮饮茶用具，再次体现陆羽的林泉之志。为了避免读者因《九之略》而误解写作《茶经》的济世思想，陆羽在本篇的最后强调，"但城邑之中，王公之门，二十四器阙一，则茶废矣"，说只有完整使用全套茶具，体味其中存在的思想规范，茶道才能存而不废。《十之图》讲要用绢素书写全部《茶经》，张挂在平常可以看得见的地方，使其内容目击而存、烂熟于胸，这样《茶经》才真正完整了。

三、《茶经》的版本源流及刊刻特点

据现存资料及现代相关研究推测，《茶经》在唐代当有至少三种版本：

（1）758—761年的初稿本；

（2）764年之后的修改本；

（3）775年之后的修改本。

唐代《茶经》的版本今已无法窥见其貌，五代的情况亦未可知。

北宋陈师道《茶经序》云：

> 陆羽《茶经》，家传一卷，毕氏、王氏书三卷，张氏书四卷，内外书十有一卷。其文繁简不同，王、毕氏书繁杂，意其旧文；张氏书简明与家书合，而多脱误；家书近古，可考正。自七之事，其下亡。乃合三书以成之，录为二篇，藏于家。

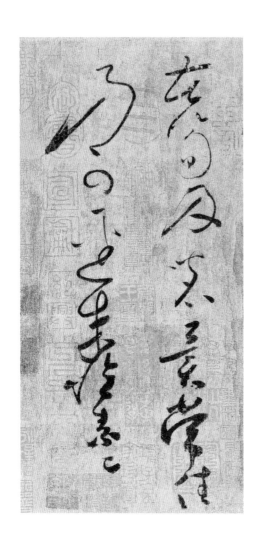

《苦笋帖》（局部），[唐] 怀素，绢本墨迹，纵 25.1 厘米，横 12 厘米，上海博物馆藏
释文：苦笋及茗异常佳，乃可迳来。怀素上

据此可知北宋时有王氏（三卷）、毕氏（三卷）、张氏（四卷）、陈氏（一卷）至少四种不同的《茶经》本子，各本内容丰简差异甚大，可能是钞本、刊本皆有且钞本居多。陈师道合诸家书为一，或以为所合书为四家藏本卷数之总即十一卷者，所论当有误解，因为陈氏所叙诸家藏本只是文字繁简、卷数多寡不同而已。且《茶经》总共有十篇，不知何从可以析为十一卷。另外从陈氏文中"王、毕氏书繁杂，意其旧文"一语来看，《茶经》某种流传的版本或即陆羽较早的稿本，内容反而较后出版本为丰，所以陆羽对《茶经》修订未必尽为增加内容，或许还有删繁就简的文字整理。

陈师道所见的四种《茶经》版本当为唐五代以来的旧钞或旧刻，北宋未知有刻印《茶经》者，但自北宋初年的《太平寰宇记》起，文人学者著书撰文常见引用《茶经》内容，诸家书目皆有著录，至南宋咸淳九年（1273），古鄮山人左圭编成并印行中国现存最早的丛书之一《百川学海》，其中收录了《茶经》，成为现存可见的最早的《茶经》版本。

南宋咸淳刊《百川学海》本《茶经》，对此后数百年的《茶经》刊行影响至深，可以说它直接或间接地影响了此后所有《茶经》刊行的版本，几为现行所有《茶经》版本的祖本。

直接的影响是后代对《百川学海》本的翻刻影印。

明弘治十四年（1501）无锡华珵递修刊行了《百川学海》，嘉靖十五年（1536）福建莆田郑氏文宗堂亦刻行《百川学海》，明末坊间有三种以上的明人重编《百川学海》刊行，民国陶氏涉园影写重刻宋本《百川学海》，上海博古斋、《湖北先正遗书》先后影印明代华氏《百川学海》，清代张海鹏照旷阁《学津讨原》校刊了《百川学海》本《茶经》，民国《丛书集成初编》据《百川学海》本排印了《茶经》。除了博古斋、《湖北先正遗书》因直接影印而与明代华氏《百川学海》本《茶经》毫无二致外，其余版本的《百川学海》本《茶经》在版式及一些文字上互有异同。

除了以上覆宋、递修、景刻、重编、校刊《百川学海》本《茶经》外，宋刊《百川学海》本《茶经》还影响着众多单行、丛刻本《茶经》。最重要的影响是明代嘉靖竟陵刻本。嘉靖二十一年（1542）青阳柯双华牧守荆西道，巡行至竟陵，修茶亭，问《茶经》，龙盖寺僧真清从《百川学海》中钞录《茶经》正谋梓行，遂以刻印于龙盖寺，祁邑芝山汪可立为之校雠。竟陵本是现存最早的单行本《茶经》，其于《茶经》本文之外，附刻甚多，卷首有明鲁彭《刻茶经序》，宋陈师道《茶经序》附唐皮日休《茶中杂咏序》。《茶经》本文之后，一附《茶经水辨》，内容包括：①传，《新唐书·陆羽传》、童承叙《陆羽赞》；②水辨，张又新《煎茶水记》、欧阳修《大明水记》《浮槎山水记》。二附《茶经外集》，内容包括：唐、宋、明三朝人诗，童承叙《与梦野论茶经书》，其中当朝明人诗为与竟陵或龙盖寺相关者。卷末为汪可立《茶经后序》、吴旦《刻茶经跋》。竟陵本的附刻行为影响了有明一代大部分的《茶经》刻印，特别是万历年间的近十种版本。

首先直接影响的是程福生、陈文烛万历十六年（1588）刻行的竹素园本，孙大绶秋水斋本。

竹素园本虽未明言所据为竟陵本，然其迻录鲁彭序，在标称"《茶经》卷之四"中附录竟陵本水辨和传的内容，唯标目有改动且前后位置有倒次；又以《茶经外集》附录唐宋人诗文，另附《茶具图赞》一卷。

孙大绶秋水斋本则在全部编排中抹掉了竟陵本的痕迹，即前后刻《茶经》的序跋、童承叙《论茶经书》，《茶经外集》中与竟陵龙盖寺相关的明人诗什均被删削，同时为了表明编者对所刻《茶经》的作用，在所附《茶经外集》篇目下，署名"明新都溪谷子（孙大绶号）编次"，同时所显特别者，是将宋审安老人的《茶具图赞》附刻在《茶经》正文《四之器》全文之后，并撰《茶具图赞序》，以说明刻入的理由。秋水斋本受竟陵本影响的凭证，一是明十岳山人王寅为此刻本所作的《茶经序》："《茶经》失而不传久矣，幸而羽之龙盖寺尚有遗经焉。"二是秋水斋本的编次顺序全同竟陵本（除了被删削的部分）。此外，孙大绶标名自己编的《茶经外集》，比竟陵本增易了两首唐宋人诗。

孙大绶秋水斋本直接影响了汪士贤《山居杂志》本（万历二十一年，1593）、郑熜校刻本、程荣校刻本《茶经》，后三者内容、版式完全相同。布目潮沨先生认为汪士贤本据郑熜本，笔者以为未必然。郑熜居福建晋安，现今只见其有此一种刻书留存；而汪氏编刻了较多的书籍，留存至今者仍有数种之多；程荣字伯仁，未知是否即《程氏丛刻》的编者程百二（《千项堂书目》称其为伯二），若是，亦有多种书刻留存至今。更何况三者内容、版式完全相同，除校刻者地望名氏外略无二致，即使使用同一套活字排印，也难保不出现个别差讹，很像同一刻板稍加挖补后所致。这一现象给我们提示了书籍编印史上的一种新模式，即编辑和刻印者分离。汪、郑、程三种版本都出现在万历中后期，三氏所居之地相距遥远，郑氏居福建晋安，汪氏、程氏居安徽新安，地域之遐时间之迩，使得刻板的流通不致太速太易，这使笔者开始揣想另一种可能，即书板实际掌握在坊间专门刻印书籍的商贾手中，编书者只需付出适当的费用，即可得到一定数量的板印书籍（这与明中后期巾帕本、坊本大量涌现，且一书多位作者的现象相一致），而刻印商只需进行少量刻板的挖补就可成就另一新版之书。（下文将要论述的明晚期版式、内容完全相同的重编

《百川学海》本《茶经》可能也属于这样的情况。）汪士贤《山居杂志》书首新都谢陛为其所撰刻书叙（称刻书者为伯仁，则汪士贤字伯仁，与程荣字相同，这为二种相同版式内容的茶经版本又平添一些闲趣。）说汪士贤伯仁游江湖二十年后居庐山，编集二十种书为此集，中有竹、菊、茶等山居园林之物，"伯仁其亦有所托载哉！独于茶一端有所未尽。今之茶德茂矣，治茶之法远胜古人，其于陆羽诸公且臣虏之，江左名士必当有谱茶者，伯仁其续收之则以俟异日。"表明编撰者在《茶经》上是下了功夫的，所以汪氏《山居杂志》本为三者中首刻、原刻的可能性最大。

受竟陵本、秋水斋本、《山居杂志》本附刻之风影响的还有宜和堂本、玉茗堂主人《别本茶经》本，后二者版式内容相同，附刻内容与前三者有很大的不同。同时《茶经》附刻形式的版本至此而终。

竟陵本的另一重大影响，是对《茶经》文字的校订，其后的绝大部分明代刻本都有内容一致、形式文字稍异的校订，此风一直影响到清代的某些版本，如陆廷灿《续茶经》首附《原本茶经》即是一例。

明代《茶经》版本的一个明显特点，是众多版本的版式、内容完全相同。这一现象的出现有两个相辅相成的原因，一是明代文人易名翻刻他人著述，二是坊间书贾托名转印他人著述。明万历间胡文焕文会堂《百家名

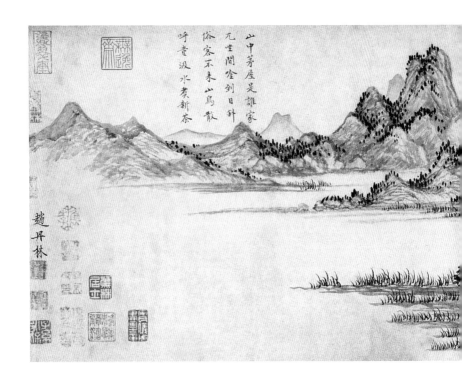

山中茅屋是誰家
兀坐閒窗到日斜
俗客不來山鳥散
呼童汲水煮新茶

《陆羽烹茶图》，[元] 赵原，纸本水墨，纵 27 厘米，横 78 厘米，台北故宫博物
院藏

陸羽烹茶圖

古亐先生節
廬曾諜佳彘
茗雲雲間奇
陸不茭浮壒
庭樹泓栖逢
琵佳画
馮頴

胜延山此陽思
長呼童萄名餘
枯腸軟塵落磴
龍圍綠活水翻
鐘艣眼黃耳底
雷鳴輕著嶺鼻
端風過細閒
杏一甌洗得
双瞳幹飽觀
亭溪雲水鄕
宣規挺

27

书》出现之后不久就又出现了同一署名的《格致丛书》，其中有很多书重复，而《茶经》的内容版式完全相同。前述《山居杂志》本与郑熜、程荣刻本相同亦是一例，宜和堂本与标名汤显祖玉茗堂的《别本茶经》本相同，而后者已为论者认为显系坊间托名翻印。《唐宋丛书》本与中国国家图书馆普通古籍部标"明刻本"一种《茶经》（与《香谱》合一册）相同，奇的是后者《四之器》的错简窜页也与前者完全相同，只有坊间不分青红皂白的翻印才会出现这样的情况。《重订欣赏编》本标称"张遂辰阅"，表明该编内的《茶经》源自张氏所编《唐宋丛书》，却无《唐宋丛书》本的错窜。《五朝小说》本沿用了《重订欣赏编》本的《茶经》，而坊间重编的三种《百川学海》本《茶经》显然亦是沿用《重订欣赏编》本。（另：简化为一卷本的乐元声倚云阁本《茶经》亦是源自《欣赏编》本，不过自有改订删削罢了。）明末清初宛委山堂《说郛》本的版式内容完全同《欣赏编》本系列，只是未标"张遂辰阅"。

到了清代，除个别版本外，《茶经》版刻的源流开始不甚清晰起来。一是大型丛书收录不言所据版本来源。《古今图书集成》为活字排印，皆未言所收书之版本或来源。《四库全书》本《茶经》虽言所据为浙江鲍士恭家藏本，仍不能确知为何种版本。吴其浚《植物名实图考长编》亦不言所收书来源。二是重要版本不言所据，如仪鸿堂重刊《陆子茶经》本、陆廷灿《续茶经》所附《原本茶经》本。

清代《茶经》版本的另一特点为直接改订，与明版多出校记校订文字不同，清代多直接改易文字不出校记，如陆廷灿本、四库本、张海鹏照旷阁本、吴其浚《植物名实图考长编》本。

简单重印是清中后期至民国初年《茶经》版本的突出现象。乾隆五十七年（1792）陈世熙辑印《唐人说荟》本，这一不善之本在嘉庆十三年（1808）、道光二十三年（1843）、同治八年（1869）、光绪年间（1875—1908）、1916年、1922年经过多次重印。陶氏涉园景宋《百川学海》本后被多次影印。

二十世纪七八十年代以来，随着茶文化的升温，中国、日本校注、评述、注释、翻译《茶经》的著述越来越多，由于这些书的重点在于阐释《茶经》，其所用《茶经》正文一般没有版本校雠方面的意义，故而本书对《茶经》版本的统计及校本的选取时间截止于一九四九年。

邻国日本也有《茶经》重要版本的收藏与印行，日本现藏有两部宋刊《百川学海》本《茶经》，多次刻印明代郑熜校刻本《茶经》，等等，这些也是《茶经》版本的重要组成部分。

四、《茶经》的版本及其分类

按照刊刻与否的情况,《茶经》可分为二类,一钞本,二刊本。

现存钞本皆为明清两代所钞,有四个系列,一是《百川学海》本系列,二是《说郛》系列,三是《四库全书》系列,四是个人独立钞写。

《百川学海》钞本系列,现存有中国国家图书馆馆藏残本二种,其中所存者皆无《茶经》。

《说郛》钞本系列,现存有多种,中国国家图书馆、上海图书馆皆有藏。据上海古籍出版社 1986 年《说郛三种》之《出版说明》,近代流存有明代《说郛》钞本六种:"原北平图书馆藏约隆庆、万历间残钞本,傅氏双鉴镂藏明钞本三种(弘农杨氏本、弘治十八年钞本、吴宽丛书堂钞本),涵芬楼藏明钞残存九十一卷本,瑞安孙氏玉海楼藏明残钞本十八册",近人张宗祥据以校理成书,"于民国十六年由上海商务印书馆排印出版,是为涵芬楼一百卷本,为现今学者据以考证、研究的主要本子,但所辑之书仅七百二十五种,远不逮于原本所收。"(案:明钞《说郛》本已为张宗祥汇校成书刊行于世,成为《茶经》刊本类的一种。)

《四库全书》本有文渊、文溯、文津、文澜阁四种钞本。因文渊阁本在台湾及上海均有影印流传,故本书据其印刷流传而入刊本丛书类。

个人独立抄写《茶经》，今可知有清简庄钞本，此据张宏庸《陆羽全集》（张氏自己将此本录在独立刊本下）。

《茶经》刊本有以形式和内容区分的两种分类法。

以形式分，《茶经》之刊本有三类：①丛书本，②独立刊本，③附刻本。

以内容分，《茶经》之刊本有五类：①初注本（左圭本），②无注本（《说郛》百卷本），③增注本（其中有附刻本），④增释本，⑤删节本。

今之学者程光裕、张宏庸等人皆对《茶经》版本分类有发明，因其中略有疑问，故辩证如下。

程光裕《茶经考略》（载台湾《华冈学报》第一期）将其著录《茶经》之刊本分为两类。一是独立刊本，共录有三种：①明嘉靖壬寅新安吴旦本，②明宜和堂刊本，③明汤显祖刻玉茗堂《别本茶经》本；其余则全列为丛书本。所录版本及分类似有如下疑问。问题一，有独立刊本列入丛书本中：①孙大绶刊本，②日本京都书肆刊本。问题二，独立刊本未列全，尚有：①明万历十六年（1588）程福生竹素园刻本，②明乐元声倚云阁刻本，③明郑熜校刻本，④民国西塔寺桑苎庐刻本，⑤日本翻刻明郑熜校本，⑥日本大典禅师《茶经详说》本等。问题三，一刻二列，①张氏藏书十种本，②张应文藏书七种本，所谓"张氏藏书十种本"的张氏即张应文,《四库存目》中有《张氏藏书》一种,为十种本,而"张应文藏书七种本"笔者尚不知所据,但既为同一人所藏之书,不应有二。另湖南省图书馆有《张氏藏书十四种》,藏主张丑,为张应文子,则其《茶经》张氏藏本十种本当与张应文之《张氏藏书》同。

张宏庸将所著录的《茶经》刊本分为四类:①刊本,②丛书本,③附刊本,④译注本。其第四种主要指汉语今译及他国文字所译者,可以不论,故实分为三类。但张氏自己并未严格将各种刊本分入诸类,同一种刊本以不同的名目既入单独刊本类又入丛书本类,而附刊本与丛书本又看不出明确的分别(见张氏辑校《陆羽全集》附录《茶经版本一览表》,台湾茶学文学出版社1985年版)。

网文《陆羽茶经流变史》将《茶经》刊本分为四类:①有注本(左圭本),②无注本(《说郛》百卷本),③增本,④删节本。分法基本正确,只是所谓增本应细分为二,一是增注本,二是附刻本。而所谓无注本的百卷涵芬楼《说郛》本实际上还是保存了几个音注,甚至还有他本皆所没有的注。另外民国西塔寺本也可以说是无注本。

据笔者的不完全统计,南宋至二十世纪中叶,传今可考的《茶经》版本共有六十多种,并其版本分类详见下表0-1。

表 0-1 《茶经》版本及其分类

	版　本	分　类
1	南宋左圭编咸淳九年（1273）刊《百川学海》本①	丛书本、初注本
2	明弘治十四年（1501）华理刊《百川学海》递修本	丛书本、初注本
3	明嘉靖十五年（1536）郑氏文宗堂刻《百川学海》本	丛书本、初注本
4	明嘉靖二十一年（1542）柯双华竟陵本②	独立刊本、增注本
5	明万历十六年（1588）程福生竹素园陈文烛校本	独立刊本、增注本
6	明万历十六年（1588）孙大绶秋水斋刊本	独立刊本、增注本
7	明万历二十一年（1593）胡文焕《百家名书》本	丛书本、增注本
8	明万历二十一年（1593）汪士贤《山居杂志》本	丛书本、增注本
9	明万历三十一年（1603）胡文焕《格致丛书》本	丛书本、增注本
10	明郑熜校刻本（中国国家图书馆书目称"明刻本"）	独立刊本、增注本
11	明程荣校刻本	独立刊本、增注本
12	明万历四十一年（1613）喻政《茶书》本	丛书本、增注本
13	明郑德征、陈鎏宜和堂本	独立刊本、增注本

	版　本	分　类
14	明《重订欣赏编》本	丛书本、增注本
15	明乐元声倚云阁刻本	独立刊本、删节本
16	明益王涵素《茶谱》本③	丛书本、增注本
17	明汤显祖玉茗堂主人《别本茶经》本	独立刊本、增注本
18	明钟人杰、张遂辰辑明刊《唐宋丛书》本	丛书本、增注本
19	明人重编明末刊《百川学海》辛集本	丛书本、增注本
20	明人重编明末刊《百川学海》本（中国国家图书馆明《百川学海》4册本）	丛书本、增注本
21	明人重编明末刊《百川学海》本（中国国家图书馆明《百川学海》36册本）	丛书本、增注本
22	明桃源居士辑《五朝小说大观》本	丛书本、增注本
23	明冯犹龙辑明末刻《唐人百家小说·五朝小说》本④	丛书本、增注本
24	明刻本⑤	丛书本、增注本
25	明代王圻《稗史汇编》本	丛书本、删节本
26	宛委山堂《说郛》本，元陶宗仪辑，清顺治三年（1646）两浙督学李际期刊行	丛书本、增注本
27	古今图书集成本，清陈梦雷、蒋廷锡等奉敕编雍正四年（1726）铜活字排印	丛书本、增注本
28	清雍正七年（1729）仪鸿堂《陆子茶经》本，王淇释	独立刊本、增释本

	版　本	分　类
29	清雍正十三年（1735）陆廷灿寿椿堂《续茶经》之《原本茶经》本	附刻本、增注本
30	文渊阁《四库全书》本，清乾隆四十七年（1782）修成	丛书本、初注本
31	清乾隆五十八年（1793）陈世熙辑挹秀轩刊《唐人说荟》本	丛书本、增注本
32	清张海鹏辑嘉庆十年（1805）虞山张氏照旷阁刊《学津讨原》本	丛书本、初注本
33	清王文浩辑嘉庆十一年（1806）刻《唐代丛书》本	丛书本、增注本
34	清嘉庆十三年（1808）纬文堂刊《唐人说荟》本（据张宏庸著录）	丛书本、增注本
35	清道光元年（1821）《天门县志》附《陆子茶经》本	附刻本、增释本
36	清吴其浚《植物名实图考长编》本，道光刊本	丛书本、初注本
37	清道光二十三年（1843）刊《唐人说荟》本	丛书本、增注本
38	清同治八年（1869）右文堂刻《唐人说荟》三集本	丛书本、增注本
39	清光绪十年（1884）上海图书集成局印扁木字《古今图书集成》本	丛书本、增注本
40	清光绪十六年（1890）同文书局影印《古今图书集成》原书本	丛书本、增注本

	版 本	分 类
41	清光绪间陈其珏刻《唐人说荟》三集本	丛书本、增注本
42	清宣统三年（1911）上海天宝书局石印《唐人说荟》本	丛书本、增注本
43	《国学基本丛书》本，民国八年（1919）上海商务印书馆印《植物名实图考长编》本	丛书本、增注本
44	民国十年（1921）上海博古斋景印明弘治华氏本《百川学海》本	丛书本、增注本
45	民国十一年（1922）上海扫叶山房石印《唐人说荟》本	丛书本、增注本
46	民国十一年（1922）上海商务印书馆景印《学津讨原》本	丛书本、初注本
47	民国十二年（1923）卢靖辑沔阳卢氏慎始斋刊《湖北先正遗书》子部本	丛书本、初注本
48	《五朝小说大观》本，民国十五年（1926）上海扫叶山房石印本	丛书本、增注本
49	民国十六年（1927）陶氏涉园景刊宋咸淳《百川学海》本⑥	丛书本、初注本
50	民国十六年（1927）张宗祥校明钞《说郛》涵芬楼刊本	丛书本、无注本
51	民国二十二年（1933）西塔寺常乐刻《陆子茶经》本（桑苎庐藏版）	独立刊本、无注本
52	民国二十三年（1934）中华书局影印殿本《古今图书集成》本	丛书本、增注本

	版　本	分　类
53	《万有文库》本，民国二十三年（1934）上海商务印书馆印《植物名实图考长编》本	丛书本、初注本
54	民国上海锦章书局石印《唐代丛书》本	丛书本、增注本
55	民国胡山源《古今茶事》本，世界书局1941年	丛书本、增注本
56	《丛书集成初编》本	丛书本、初注本
57	清嘉庆十三年（1808）刻王谟辑《汉唐地理书钞》本⑦	
58	《文房奇书》本⑧	
59	《吕氏十种》本	
60	《小史集雅》本⑨	
61	明张应文藏书七种本⑩	
62	日本江户春秋馆翻刻明郑熜校本	独立刊本、增注本
63	日本宝历戊寅（八年，1758）夏四月翻刻明郑熜校本	独立刊本、增注本
64	日本天保十五年（1844）甲辰京都书肆翻刻明郑熜校本	独立刊本、增注本

说明：

① 南宋左圭编咸淳九年（1273）刊《百川学海》本为现存最早《茶经》刊本，几为现存所有《茶经》版本之祖本。张宏庸辑校《陆羽全集》附录《茶经版本一览表》称有独立的宋刊本，却未予说明。而在其《陆羽茶经丛刊》中所影录宋本《茶经》，实是民国陶氏景宋《百川学海》1930年版，并非宋版原貌。（关于民国陶氏景宋《百川学海》非宋版原貌的问题将在下文予以说明。）

② 现存最早《茶经》单行本。中国国家图书馆书目称为嘉靖二十二年（1543）本，另有称新安吴旦本者。

③ 自万国鼎《茶书总目提要》起，皆称《清媚合谱·茶谱》的编者为朱祐槟（1529年前后）。按：民国孙殿起《丛书目录拾遗》题作"明河南益王涵素道人编"，而张秀民《中国印刷史》称其为明益王府刻书，刻于崇祯十三年（1640），不是首封益王的朱祐槟所编刻。因其所收茶书有多部远后于朱祐槟所卒年嘉靖十八年（1539）者，故当以张秀民所言为是。

④ 程光裕《茶经考略》称辑者为"冯梦龙"。

⑤ 中国国家图书馆普通古籍部藏，与《香谱》合一册，可能是某种《百川学海》本的零册。

⑥ 民国陶氏景宋《百川学海》"全书为黄冈饶星舫一手影模"（陶氏景宋《百川学海》1930年版陶湘刻书序），但其摹补时却擅改宋本多处字词，故不能全以宋本待之。

⑦ 万国鼎《茶书总目提要》著录有王谟辑《汉唐地理书钞》本《茶经》，但遍检清嘉庆刻《汉唐地理书钞》，不见《茶经》，未知万先生当年所见为何。待查。

⑧ 万国鼎《茶书总目提要》著录有《文房奇书》本《茶经》，《中国丛书广录》载明万历中刻寸珍本《文房奇书》中有《茶经》一卷，尚未获见。

⑨ 万国鼎《茶书总目提要》著录有《吕氏十种》本及《小史集雅》本《茶经》，尚未获见，姑存录以俟查找。

⑩ 程光裕《茶经考略》著录"张氏藏书十种本"及"张应文藏书七种本"各一种。按：《四库存目》中有《张氏藏书》四卷十种，藏主张氏即明代张应文，而"张应文藏书七种本"笔者尚不知所据，但既为同一人所藏之书，不应有二。关于张氏藏书，《四库全书总目提要》有些疑问，其《张氏藏书》解题曰："明张应文撰，凡十种，曰《箪瓢乐》，曰《老圃一得》，曰《兰谱》，曰《菊书》，曰《先天换骨新谱》，曰《焚香略》，曰《清閟藏》，曰《山房四友谱》，曰《茶经》，曰《瓶花谱》"，而《瓶花谱》则又为四库馆臣题记为其子张谦德（即张丑）撰，《清閟藏》则题曰张应文撰而其子张丑润色之。看来《张氏藏书》应是张应文父子共同的手笔。另湖南省图书馆有《张氏藏书十四种》，藏主张丑，则其《茶经》张氏藏书十种本当与张应文《张氏藏书》同。《张氏藏书》之《茶经》现题名为张谦德撰，与陆羽《茶经》完全不同，不是《茶经》的一个版本。不知"张应文藏书七种本"可能是另一种景象么？为尊重他人研究成果见，仍著录于此，有待再有发现时解决这一疑惑。

五、《茶经》之评价

陆羽《茶经》是世界上第一部关于茶的专门著作，在茶文化史上占有无可比拟的重要地位。《茶经》在《新唐书·艺文志·小说类》《通志·艺文略·食货类》《郡斋读书志·农家类》《直斋书录解题·杂艺类》《宋史·艺文志·农家类》等书中，都有著录。历来为《茶经》作序跋者很多，今可考者有：①唐皮日休序（实为皮氏《茶中杂咏》诗序，后世刻《茶经》者多移为《茶经》序，今仍之），②宋陈师道序，③明嘉靖壬寅鲁彭《刻茶经叙》，④明嘉靖壬寅汪可立后序，⑤明嘉靖壬寅吴旦后序，⑥明嘉靖童承叙跋，⑦明万历戊子陈文烛序，⑧明万历戊子王寅序，⑨明李维桢《茶经》序，⑩明张睿卿跋，⑪明徐同气《茶经序》，⑫明乐元声《茶引》，⑬清徐篁跋，⑭清曾元迈《茶经序》，⑮民国常乐《茶经序》，⑯民国新明跋。（而明童承叙《童内方与梦野论茶经书》经常为刻《茶经》者列为后论，故也列入序跋内容。）另有日本刊《茶经》序三种。

在《茶经》中，陆羽秉着自然主义的态度，以林谷山泉隐逸生活为基点，以器具和饮用程序的规范化为载体，追求社会的秩序化与人们行为的规范化。《茶经》总结了当时茶叶生产技术与经验，收集历代茶叶史料，记述作者实践调查。从现代学科分科的角度来说，《茶经》

是茶文化的百科全书，涵盖了茶叶栽培、生产加工、药理、茶具、历史、文化、茶产区划等方面的内容。

作为世界上的第一部茶书，《茶经》被奉为茶文化的经典。唐末皮日休作《〈茶中杂咏〉序》即认为陆羽《茶经》的贡献很大："岂圣人之纯于用乎？草木之济人，取舍有时也。季疵始为三卷《茶经》，由是……命其煮饮之者，除痾而疠去，虽疾医之，不若也。其为利也，于人岂小哉！"宋欧阳修《集古录》："后世言茶者必本陆鸿渐，盖为茶著书自其始也。"明陈文烛在《茶经序》中甚至以为："人莫不饮食也，鲜能知味也。稷树艺五谷而天下知食，羽辨水煮茗而天下知饮，羽之功不在稷下，虽与稷并祠可也。"而童承叙在《陆羽赞》中则认为陆羽《茶经》于茶之外另有深义，认为陆羽"惟甘茗荈，味辨淄渑，清风雅趣，脍炙古今。张颠之于酒也，昌黎以为有所托而逃，羽亦以为夫！"徐同气《茶经序》认为："经者，以言乎其常也……凡经者，可例百世，而不可绳一时者也……《茶经》则杂于方技，迫于物理，肆而不厌，傲而不忤，陆子终古以此显，足矣。"明李维桢《茶经序》："鸿渐穷厄终身，而遗书遗迹，百世下宝爱之，以为山川邑里重，其风足以廉顽立懦，胡可少哉！"

陆羽《茶经》在中国历史与文化中的地位与影响，非常典型，非常文人化。对于古代中国绝大多数文人来说，修齐治平之外，没有绝对的理想；文章之外，没有可以称道的技能；道德、礼教之外，没有必须遵循的规范。

唐宋两朝是一个转折点，唐宋时代的社会、文化几乎各个方面都发生了重大的变革，六经注我，文人们的个体意识开始觉醒，文人们的精神世界开始变得更为丰富复杂，有些方面甚至出现了对立的状态。对于大多数文人个体来说，修齐治平的理想，文章的技能，道德、礼教的规范，是社会与传统之于他们的规范，是社会历史与文化传统赋予他们的价值观念和行为规范，过去很多人只有这些，或最多只表现出这些。而在唐宋变革之际，个体意识开始觉醒的文人，也同时开始向社会提供他们的价值观念和行为规范。但传统的力量是巨大的，文人们提供自己东西的行为与目的时常表现得很隐晦。法先王的观念使得中国古人们的历史发展观不是前瞻的而是后视的，因而当人们想向社会提供任何新的东西时，都必须向过去寻求合理合法的依据，而古已有之，尤其是三皇五帝、文王周公时即已有之，往往是最有力的依据。

陆羽也是这样来阐明茶饮的合理性的，他在《茶经·六之饮》中说："茶之为饮，发乎神农氏，闻于鲁周公。齐有晏婴，汉有扬雄、司马相如，吴有韦曜，晋有刘琨、张载、远祖纳、谢安、左思之徒，皆饮焉。滂时浸俗，盛于国朝，两都并荆渝间，以为比屋之饮。"

但在传统力量极为强大的中国古代，任何想要超出传统的努力，都会遇到较多阻碍甚至挫折。封演的记载可以说是唐代已有人对陆羽努力的否定，但由于茶兼具物质与精神双重属性的特性，由于茶本身所含有的清丽高雅禀性与文人内心深处某种特质的契合，陆羽所提倡的东西还是在贬贬褒褒的遭遇中留存了下来，并且逐渐成为传统的一部分。

　　陆羽想要通过茶饮提供给社会的新东西，是"精行俭德之人"行为的规范，这是他孤零的身世和遭逢乱世的经历之下所渴求的东西。他想通过茶叶、茶具、煮饮茶等方面与过程的规范化程式，提倡某种在道德、礼教之外的行为规范，应当说这确实是中国古代社会所缺乏的。但中国古代文人内心深处在道德与礼教之外不受任何约束的传统，使得茶并未最终在文人士大夫中间形成新的行为规范。

　　相反，唐高宗以来兴起讲求顿悟的禅宗，由于它不讲求苦苦的修行，因而在事实上对禅林僧众缺乏一定的约束力。但任何一个庞大的社会团体，是一定要有某些具有强制性约束力的规范才能维系它在社会中的存在和发展的。为了做到这一点，唐宋之际，禅林清规应时出现，茶也趁此时机进入禅林的律规之中。

　　在中国，社会文化根据自己的特性有选择地接受了陆羽《茶经》提供的茶艺文化的部分内容，茶的礼仪、程式部分最终大都进入到需要礼仪规范的宗教和一部分民俗当中。留在文人士大夫和众多茶叶消费者中间的，是茶的清雅、芬香的享受，是精美器物的玩赏，是生命过程中体验与经历在茶中的印证与延伸，人们在其中更多的是享受自适，即使有程式等，也是为了充分发挥茶的禀质，更多地享受茶饮茶艺的乐趣。

陆羽《茶经》也影响到世界其他地区的茶业与文化。日本的茶道、韩国的茶礼，近年在东亚及南亚许多地区盛行、流风余韵拂及北美及欧陆的茶文化，都是在陆羽及其《茶经》的影响下，逐渐发生着文化交流与传播。而茶叶成为世界三大非酒精饮料之一的成就，也是离不开陆羽的肇始之功的。

唐代以来《茶经》版本甚多，据不完全统计，历来相传的《茶经》版本有六十余种。而现存至今的版本自宋代至民国有五十余种。一部在传统四部分类中归类不明的著作——诸家书目分别有归于小说类、食货类、农家类、杂艺类者，千百年来在中国本土有六十多种版本刊行流传，在海外有日、韩、德、意、英等多种文字版本刊行，这不仅是出版史上的一个奇迹，也是文化史上的一个奇迹。对如此众多的《茶经》版本进行研究，不仅可以解决《茶经》自身的一些文字内容问题，同时也可以梳理相关的茶文化发展史，本书即是向着这一目标迈出的起始之步。

凡例

一、本书以中国国家图书馆藏南宋左圭编咸淳九年（1273）刊《百川学海》壬集本《茶经》为底本。此本虽不为最善，但因其刊行最早，几为现存所有《茶经》版本之祖本，藉之可见后来《茶经》诸本文字之校改情况，因而仍选为校勘所用底本。

二、本书以下列诸本为校本

1. 日本宫内厅书陵部藏《百川学海》本，简称日本本；

2. 明弘治十四年（1501），华珵刊《百川学海》壬集本，简称华氏本；

3. 明嘉靖壬寅（二十一年，1542），柯双华竟陵刻本，简称竟陵本；

4. 明万历十六年（1588），程福生、陈文烛竹素园刻本，简称竹素园本；

5. 明万历十六年（1588），孙大绶秋水斋刊本，简称秋水斋本；

6. 明万历癸巳（二十一年，1593），胡文焕《百家名书》本，简称《名书》本；

7. 明万历二十一年（1593），汪士贤《山居杂志》本，简称汪氏本；

8. 明万历四十一年（1613），喻政《茶书》甲种本，简称喻政《茶书》本；

9. 明郑德征、陈銮宜和堂本，简称宜和堂本；

10. 明钟人杰、张遂辰辑明刊《唐宋丛书》本，简称《唐宋丛书》本；

11. 明《重订欣赏编》本，简称《欣赏》本；

12. 明益王涵素《茶谱》本，简称益王涵素本；

13. 明桃源居士辑《五朝小说大观》本，简称《大观》本；

14. 宛委山堂《说郛》本，简称宛委本；

15. 清《古今图书集成》本，简称《集成》本；

16. 清陆廷灿《续茶经》之《原本茶经》本，简称陆氏本；

17. 清仪鸿堂重刊《陆子茶经》本，雍正七年（1729），王淇释，简称仪鸿堂本；

18. 清文渊阁《四库全书》本，简称《四库》本；

19. 清乾隆五十八年（1793）陈世熙辑抱秀轩刊《唐人说荟》本，简称《说荟》本；

20. 清张海鹏照旷阁《学津讨源》本，简称照旷阁本；

21. 清王文浩辑嘉庆十一年（1806）刻《唐代丛书》本；

22. 清吴其浚《植物名实图考长编》本，简称《长编》本；

23. 民国张宗祥校涵芬楼《说郛》本，简称涵芬楼本；

24. 民国西塔寺桑苎庐藏版《陆子茶经》本，简称西塔寺本；

25. 民国陶氏涉园景宋《百川学海》本，简称陶氏本。

三、本书除版本校勘外，还选择类书、总集等进行他校。

四、本书的校勘原则，凡底本不误，他本有误者，一般不出校。但他本误字影响较大者，亦酌予出校。凡宋以下的避讳字，如"弘"作"弘"、"恒"作"恒"之类，一律改回，不出校。

五、底本原有注文引书有讹误，据原书校改后出校。

六、《茶经》卷下《七之事》节引他书而不失原意者，尽量保持《茶经》原貌，一般不据他书改动《茶经》，必要时酌例他书异文。

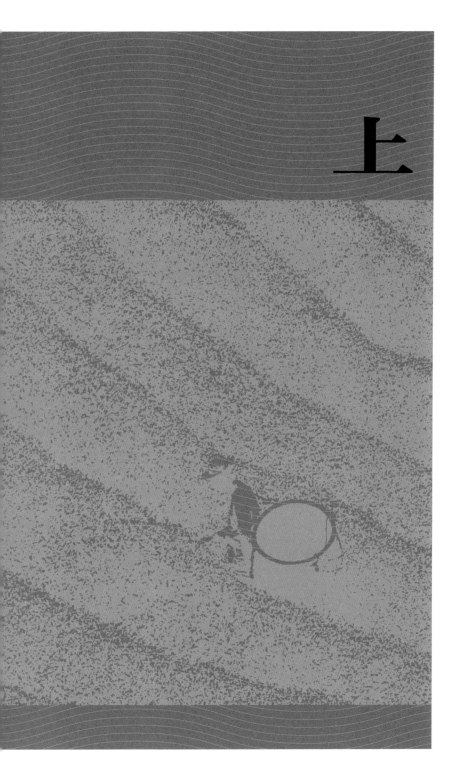

上

一之源

茶[1]者，南方之嘉木也[2]。一尺、二尺乃至数十尺[3]。其巴山峡川[4]，有两人合抱者，伐而掇之[5]。其树如瓜芦[6]，叶如栀子[7]，花如白蔷薇[8]，实如栟榈[9]，蒂[一]如丁香[10]，根如胡桃[11]。（瓜芦木出广州[12]，似茶[二]，至苦涩。栟榈，蒲[三]葵[13]之属，其子似茶。胡桃与茶，根皆下孕[14]，兆至瓦砾[15]，苗木上抽[16]。）

其字，或从草，或从木，或草木并。（从草，当作"茶"，其字出《开元文字音[四]义》[17]；从木，当作"搽"，其字出《本草》[18]；草木并，作"荼"[五]，其字出《尔雅》[19]。）

其名，一曰茶，二曰槚[20]，三曰蔎[21]，四曰茗[22]，五曰荈[23]。（周公云[24]："槚[六]，苦荼[七]。"扬执戟[八]云[25]："蜀西南人谓茶[九]曰蔎。"郭弘农云[26]："早取为茶[一〇]，晚取为茗，或一曰荈耳。"）

其地，上者生烂石[27]，中者生砾[一一]壤[28]，下者生黄土[29]。凡艺而不实[30]，植而罕茂[31]。法如种瓜[32]，三岁可采。野者上，园者次。阳崖阴林[33]，紫者上，绿者次[34]；笋者上，牙者次[35]；叶卷上，叶舒次[36]。阴山坡谷[37]者，不堪采掇[38]，性凝滞[39]，结瘕[40]疾[一二]。

茶之为用，味至寒[41]，为饮，最宜精行俭德之人[42]。若热渴、凝闷，脑疼[一三]、目涩，四支烦[一四][43]、百节不舒，聊四五啜[44]，与醍醐、甘露抗衡也[45]。

采不时，造不精，杂以卉[一五]莽，饮之成疾。茶为累[46]也，亦犹人参。上者生上党[47]，中者生百济、新罗[48]，下者生高丽[49]。有生泽州、易州、幽州、檀州者[50]，为药无效，况非此者？设服荠苨[一六][51]，使六疾不瘳[一七][52]，知人参为累，则茶累尽矣。

校记

一 蒂：原作"叶"，今据秋水斋本改。按：《太平御览》卷八六七、《事类赋注》卷一七引《茶经》并作"蒂"。明屠本畯《茗笈》引《茶经》作"蕊"，涵芬楼本作"茎"。因前文已述过"叶如栀子"，则此处再用"叶"就重复了，不当；丁香只有二雄蕊，而茶有雌蕊和雄蕊，二者的蕊并不相同，故"蕊"字也不妥。有研究认为茶树的蕾蒂即未成熟的果柄与丁香的花蒂近似，且"树"指树形，"茎"指树干，前已用"树"字，后再用"茎"字也是重复，所以"茎"字也不妥。

二 茶：《长编》本作"茗"。

三 蒲：原作"藏"，今据竟陵本改。蒲葵与栟榈确为同类植物。

四 音：原作"者"，今据《长编》本改。

五 茶：原作"茶"，今据《长编》本改。按：前文已经有从草作"茶"之说，此处不可能再说草木兼从仍作"茶"，《尔雅》本文亦作"茶"。

六 槚：原作"价"，今据竟陵本改。按：今本《尔雅》作"槚"。

七 茶：原作"茶"，今据《长编》本改。按：今本《尔雅》作"茶"。

八 扬：原作"杨"，今据喻政《茶书》本改。下同。"戟"，原作"战"，今据竟陵本改。按："扬执戟"指扬雄。

九 茶：《说荟》本作"茶"。

一〇 茶：原作"茶"，据今本郭璞《尔

雅注》改。

一一 **砾**：原作"栎"，竟陵本于本句后
　　 有注云："栎当从石为砾"，今据
　　 改。

一二 **结瘕疾**：涵芬楼本作"令人结瘕
　　 疾"。

一三 **疼**：西塔寺本作"痛"。

一四 **烦**：涵芬楼本作"烦懑"。

一五 **卉**：喻政《茶书》本作"草"。

一六 **荠苨**：涵芬楼本作"荠苨茎"。

一七 **瘳**：涵芬楼本作"疗"。

注释

1　**茶**：植物名，山茶科，多年生深根常绿植物。有乔木型、半乔木型和灌木型之分。叶子长椭圆形，边缘有锯齿。秋末开花。种子棕褐色，有硬壳。嫩叶加工后即为可以饮用的茶叶。

2　**南方**：唐贞观时分天下为十道，南方泛指山南道、淮南道、江南道、剑南道、岭南道所辖地区，基本与现今一般以秦岭山脉–淮河以南地区为南方相一致，包括四川、重庆、湖北、湖南、江西、安徽、江苏、上海、浙江、福建、广东、广西、贵州、云南（唐时为南诏国）诸省区市，以及陕西、河南两省的南部，皆为唐代时的产茶区，亦是今日中国之产茶区。

　　嘉木：优良树木。《楚辞·九章·橘颂》："后皇嘉树。"嘉，同"佳"，美好。陆羽称茶为嘉木，北宋苏轼称茶为嘉叶，都是夸赞茶的美好。

3　**尺**：古尺与今尺量度标准不同，唐尺有大尺和小尺之分，一般用大尺，传世或出土的唐代大尺一般都在30厘米左右，比今尺略短一些。

　　数十尺：高数米乃至十多米的大茶树。在中国西南地区（云南、四川、贵州）发现了众多的野生大茶树，它们一般树高几米到十几米不等，最高的达三十多米。树龄多在一两千年以上。云南普洱市澜沧拉祜族自治县"千年古茶树"树高11.8米；云南勐海县南糯山乡"南糯山茶树王"（当地称"千年茶树王"，现已枯死）树高 5.45 米。

4 **巴山**：又称大巴山，广义的大巴山指绵延四川、重庆、甘肃、陕西、湖北边境山地的总称；狭义的大巴山，在汉江支流任何谷地以东，重庆市及四川、陕西、湖北边境。

峡：一指巫峡山，即重庆、湖北两省市交界处的三峡；二指峡州，在三峡口，治所在今宜昌。故此处巴山峡川指重庆东部、湖北西部地区。

5 **伐**：砍斫（zhuó）、砍削树木及其枝条为伐。

掇（duō）：拾取。

6 **瓜芦**：又名皋芦，分布于中国南方的一种叶似茶叶而味苦的树木。晋代就有南方人用皋芦煎煮饮用。宋唐慎微《证类本草》："瓜芦木……一名皋芦，而叶大似茗，味苦涩，南人煮为饮，止渴，明目，除烦，不睡，消痰，和水当茗用之。"明李时珍《本草纲目》云："皋芦，叶状如茗，而大如手掌，挼（ruó）碎泡饮，最苦而色浊，风味比茶不及远矣。"

7 **栀**（zhī）**子**：属茜草科，常绿灌木或小乔木，夏季开白花，有清香，叶对生，长椭圆形，近似茶叶。

8 **白蔷薇**：属蔷薇科，落叶灌木，枝茂多刺，高四五尺，夏初开花，花五瓣而大，花冠近似茶花。

9 **栟榈**（bīng lǘ）：即棕榈，属棕榈科。核果近球形，淡蓝黑色，有白粉，近似茶籽内实而稍小。

10 **蒂**：花或瓜果与枝茎相连的部分。

丁香：一属常绿乔木，又名鸡舌香，

丁子香。叶子长椭圆形，花淡红色，果实长球形。花供药用，种子可榨丁香油，做芳香剂。种仁由两片形状似鸡舌的子叶抱合而成。原生在热带地区，我国南方有栽培，品种很多。一属落叶灌木或小乔木。叶卵圆形或肾脏形。花紫色或白色，春季开，有香味。花冠长筒状，果实略扁。多生在中国北方。

11 **胡桃**：属核桃科，深根植物，与茶树一样主根向土壤深处生长，根深常达二三米以上。

12 **广州**：今属广东。三国吴黄武五年（226）分交州置，治广信县（今广西梧州市），不久废。永安七年（264）复置，治番禺（今属广东）。统辖十郡，南朝后辖境渐缩小。隋大业三年（607）改为南海郡。唐武德四年（621）复为广州，后为岭南道治所，天宝元年（742）改为南海郡，乾元元年（758）复为广州，乾宁二年（895）改为清海军。

13 **蒲葵**：属棕榈科，常绿乔木，叶大，大部分掌状分裂，可做扇子，裂片长披针形，圆锥花序，生在叶腋间，花小，果实椭圆形，成熟时黑色。生长在热带和亚热带地区。

14 **下孕**：植物根系在土壤中往地下深处发育滋生。

15 **兆**：《说文》解释为"灼龟坼（chè）也"，本意是龟裂，指古人占卜时烧灼甲骨呈现裂纹，这里作裂开解。

瓦砾：破碎的砖头瓦片，引申为硬土层。

16 **上抽**：向上萌发生长。

17 **《开元文字音义》**：唐玄宗开元二十三年（735）编成的一部字书，共有三十卷，已佚，清代黄奭《汉学堂丛书经解·小学类》辑存一卷，汪黎庆《学术丛编·小学丛残》中亦有收录。此书中已收有"茶"字，说明在陆羽《茶经》写成之前25年，"茶"字已经被收录在官修字书当中。

18 **《本草》**：指唐高宗显庆四年（659）李勣、苏敬等人所撰的《新修本草》（今称《唐本草》），已佚。今存宋唐慎微《重修政和经史证类备用本草》引用。敦煌、日本有《新修本草》钞写本残卷，清傅云龙《籑喜庐丛书》之二中收有日本写本残卷，有上海群联出版社1955年影印本；敦煌文献分类录校丛刊《敦煌医药文书辑校》中录有敦煌写本残卷，有江苏古籍出版社1999年版本。

19 **《尔雅》**：中国最早的字书，共十九篇，为考证词义和古代名物的重要资料。古来相传为周公所撰，或谓孔子门徒解释六艺之作。实际应当是由秦汉间经师学者缀辑周汉诸书旧文，递相增益而成，非出于一时一手。《尔雅》既是中国古代的词典，也是儒家的经典之一，列入十三经之中。"尔"是近的意思，"雅"是正、雅言的意思，是某一时代官方规定的规范语言。"尔雅"就是近正，使语言接近官方规定的语言。

20 **槚（jiǎ）**：本意是楸树，落叶乔木。又用作茶的别名。《尔雅》第十四篇《释木》："槚，苦茶。"

21 **蔎（shè）**：本意为一种香草。又用作茶的别名。

22 **茗**：北宋徐铉注《说文》作为新附字补入，注为"茶芽也"。三国吴陆玑《毛诗草木鸟兽虫鱼疏》卷上："椒树似茱萸……蜀人作茶，吴人作茗，皆合煮其叶以为香。"据此，则茗字作为茶名来自长江中下游，后代成为主要的茶名之一。

23 **荈（chuǎn）**：西汉司马相如《凡将篇》以"荈诧"迭用代表茶名。三国时"茶荈"二字连用，《三国志·吴书·韦曜传》："曜素饮酒不过三升，初见礼异时，常为裁减，或密赐茶荈以当酒。"西晋杜育《荈赋》以后，"荈"字成为历代主要的茶名之一，现代已经很少用。

24 **周公云**：指标名为周公所撰的《尔雅》。周公，姓姬名旦，周文王姬昌之子，周武王姬发之弟，武王死后，扶佐其子成王，改定官制，制作礼乐，完备了周朝的典章文物。伐纣灭商之后，曾被封于曲阜，是为鲁公，但未就封。因其采邑在周，故称为周公。事见《史记·鲁周公世家》。

25 **扬执戟云**：指扬雄《方言》。扬执戟，即扬雄（前53—18），西汉文学家、哲学家、语言学家。字子云，蜀郡成都（今属四川）人，曾任黄门郎。汉代郎官都要执戟护卫宫廷，故称扬执戟。著有《法言》《方言《太玄经》等。擅长辞赋，与司马相如齐名。《汉书》卷八七有传。按：《茶经》所引内容不见今本《方言笺疏》。

26 **郭弘农云**：指郭璞《尔雅注》。郭弘农，即郭璞（276—324），字景纯，河东闻喜（在今山西）人，东晋文学家、训诂学家，道教术数大师，游仙诗的祖师。曾仕东晋元帝，明帝时因直言而为王敦所杀，后赠弘农太守，故称郭弘农。博洽多闻，曾为《尔雅》《楚辞》《山海经》《方言》等书作注。《晋书》卷七二有传。郭璞注《尔雅》"槚，苦荼"云："树小如栀子，冬生叶，可煮作羹饮。今呼早采者为荼，晚取者为茗，一名荈。蜀人名之苦荼。"

27 **烂石**：碎石。山石经过长期风化以及自然的冲刷作用，山谷石隙间积聚着含有大量腐殖质和矿物质的土壤，土层较厚，排水性能好，土壤肥沃。

28 **砾（lì）壤**：指砂质土壤或砂壤，土壤中含有未风化或半风化的碎石、砂粒，排水透气性能较好，含腐殖质不多，肥力中等。

29 **黄土**：指黄壤，分布在热带、亚热带潮湿地区的黄色土壤，含有大量铁的氧化物，有黏性和强酸性，缺乏磷分，含腐殖质和茶树需要的矿物元素少，肥力低。中国南方和西南都有这种土壤。

30 **艺**：种植。
实：结实，充满。

31 **植而罕茂**：用移栽的方法栽种，很少能生长得茂盛。旧时因而称茶为"不迁"。明陈耀文《天中记》："凡种茶必下子，移植则不生。"
植：栽种，移栽。

32 **法如种瓜**：北魏贾思勰《齐民要术》卷二《种瓜》第十四："凡种法，先以水净淘瓜子，以盐和之。先卧锄，耧却燥土，然后培坑。大如斗口，纳瓜子四枚、大豆三个，于堆旁向阳中。瓜生数叶，掐去豆，多锄则饶子，不锄则无实。"唐末至五代时人韩鄂《四时纂要》卷二载种茶法："种茶，二月中于树下或北阴之地开坎，圆三尺，深一尺，熟劚著粪和土，每坑种六七十颗子，盖土厚一寸强，任生草，不得耘。相去二尺种一方，旱即以米泔浇。此物畏日，桑下竹阴地种之皆可，二年外方可耘治，以小便、稀粪、蚕沙浇拥之，又不可太多，恐根嫩故也。大概宜山中带坡峻，若于平地，即须于两畔深开沟垄泄水，水浸根必死……熟时收取子，和湿土沙拌，筐笼盛之，穰草盖，不尔即乃冻不生，至二月出种之。"其要点是精细整地，挖坑深、广各尺许，施粪作基肥，播子若干粒。这与当前茶子直播法并无多大区别。

33 **阳崖**：向阳的山崖。
阴林：茂林，因为树木众多浓荫蔽日，故称阴林。

34 **紫者上，绿者次**：原料茶叶以紫色者为上品，绿色者次之。这样的评判标准与现今的不同。陈椽《茶经论稿序》是这样解释的："茶树种在树林阴影的向阳悬崖上，日照多，茶中的化学成分儿茶多酚类物质也多，相对地叶绿素就少；阴崖上生长的茶叶却相反。阳崖上多生紫牙叶，又因光线强，牙收缩紧张如笋，阴崖上生长的牙叶则相反。所以古时茶叶质量多以紫笋为上。"

35 **笋者上，牙者次**：笋者，指茶的嫩芽，芽头肥硕长大，状如竹笋，成茶品质好；牙者，指新梢叶片已经展开，或茶树生机衰退，对夹叶多，表现为芽头短促瘦小，成品茶质量低。

36 **叶卷上，叶舒次**：新叶初展，叶缘自两侧反卷，到现在仍是识别良种的特征之一。而嫩叶初展时即摊开，一般质量较差。

37 **阴山坡谷**：山间不朝向太阳的斜坡地及深凹的低地。

38 **不堪**：不能，不可。

采掇：摘取。

39 **凝滞**：凝结积聚。

40 **瘕（jiǎ）**：腹中结块之病。马莳注《素问·大奇论》："瘕者，假也。块似有形，而隐见不常，故曰瘕。"南宋戴侗《六书故》卷三三："腹中积块也，坚者曰癥，有物形曰瘕。"

41 **茶之为用，味至寒**：中医认为药物有五性，即寒、凉、温、热、平；有五味，即酸、苦、甘、辛、咸。古代各医家都认为茶是寒性的，但寒

的程度则说法不一，有认为寒、微寒的。陆羽认为茶作为饮用之物，其味为"至寒"。

42 **精行俭德之人**：修身养性、清净无为、生活简朴、为人谦逊的人。

43 **支**：同"肢"。

烦：困乏，疲劳。

44 **聊**：略微。

啜（chuò）：饮。

45 **醍醐（tí hú）**：经过多次制炼的奶酪，味极甘美。佛教典籍以醍醐譬喻佛性，《涅槃经》十四《圣行品》："譬如从牛出乳，从乳出酪，从酪出生酥，从生酥出熟酥，熟酥出醍醐，醍醐最上……佛亦如是。"醍醐亦指美酒。

甘露：即露水。《老子》第三十二章："天地相合以降甘露。"所以古人常常用甘露来表示理想中最美好的饮料。《太平御览》卷一二引《瑞应图》载："甘露者，美露也。神灵之精，仁瑞之泽，其凝如脂，其甘如饴，一名膏露，一名天酒。"

46 **累**：过失，妨害。

47 **上党**：今山西南部地区，战国时为韩地，秦设上党郡，因其地势甚高，与天为党，因名上党。唐代改河东道潞州为上党郡，在今山西长治一带。

48 **百济**：朝鲜古国，在今朝鲜半岛西南部汉江流域一带，1世纪兴起，7世纪中叶统一于新罗。

新罗：在今朝鲜半岛南部，公元前57年建国，后为王氏高丽取代，与

中国唐朝有密切关系。

49 **高丽**：在今朝鲜北部。

50 **泽州**：唐时属河东道高平郡，即今
山西晋城。

易州：唐时属河北道上谷郡，在今
河北易县一带。

幽州：唐时属河北道范阳郡，即今
北京及周围一带地区。

檀州：唐时属河北道密云郡，在今
北京市密云一带。

51 **荠苨**（jì nǐ）：草本植物，属桔梗
科，根味甜，可入药，根茎与人参
相似。南朝梁刘勰《刘子新论》卷
四《心隐第二十二》云："愚与直相
像，若荠苨之乱人参，蛇床之似藨
芜也。"明李时珍《本草纲目·草
一·荠苨》引陶弘景曰："荠苨根茎
都似人参，而叶小异，根味甜绝，
能杀毒，以其与毒药共处，毒皆自
然歇，不正入方家用也。"

52 **六疾**：六种疾病，即寒疾、热疾、
末（四肢）疾、腹疾、惑疾、心疾。
《左传·昭公元年》："天有六气，
降生五味……淫生六疾。六气曰阴、
阳、风、雨、晦、明也。分为四时，
序为五节，过则为灾。阴淫寒疾，
阳淫热疾，风淫末疾，雨淫腹疾，
晦淫惑疾，明淫心疾。"后以"六
疾"泛指各种疾病。

瘳（chōu）：病愈。

译
文

 茶，是南方地区一种优良的木本植物，树高一尺、二尺乃至数十尺。在巴山峡川一带（今重庆东部、湖北西部地区），有树围达两人才能合抱的大茶树，将枝条砍削下来才能采摘茶叶。茶树的树形像瓜芦木，叶子像栀子叶，花像白蔷薇花，种子像棕榈子，蒂像丁香蒂，根像胡桃树根。（瓜芦木产于广州一带，叶子和茶相似，滋味非常苦涩。栟榈属蒲葵类植物，种子与茶籽相似。胡桃树与茶树树根都往地下生长很深，碰到有碎砖烂瓦的硬土层时，苗木开始向上萌发生长。）

 "茶"字，从字形、部首上来说，有属草部的，有属木部的，有并属草、木两部的。（属草部的，应当写作"茶"，在《开元文字音义》中有收录；属木部的，应当写作"搽"，此字见于《本草》；并属草、木两部的，写作"荼"，此字见于《尔雅》。）

 茶的名称，一是茶，二是槚，三是蔎，四是茗，五是荈。（周公说："槚，就是苦茶。"扬雄说："四川西南人称茶为蔎。"郭璞说："早采的称为茶，晚采的称为茗，也有的称为荈。"）

左上图：茶树叶

右上图：栀子

左下图：茶花

右下图：茶树种子

茶树生长的土壤，上等茶生在山石间积聚的土壤上，中等茶生在砂壤土中，下等茶生在黄泥土中。大凡种茶时，如果用种子播植却不踩踏结实，或是用移栽的方法栽种，很少能生长得茂盛。应该用种瓜法种茶，一般种植三年后，就可以采摘。野生茶叶的品质好，园圃里人工种植的较次。向阳山坡有林木遮阴的茶树：茶叶紫色的好，绿色的差；芽叶肥壮如笋的好，新芽展开细弱的差；芽叶边缘反卷的好，叶缘完全平展的差。生长在背阴的山坡或谷地的茶树，不可以采摘。因为它的性质凝滞，喝了会使人生腹中结块的病。

茶的功用，性味寒凉，作为饮料，最适宜品行端正有俭约谦逊美德的人。人们如果发热口渴、胸闷、头疼、眼涩、四肢疲劳、关节活动不畅，只要喝上四五口茶，其效果与最好的饮品醍醐、甘露相当。

如果茶叶采摘不合时节，制造不够精细，夹杂着野草败叶，喝了就会生病。茶可能对人造成的妨害，如同人参。上等的人参出产在上党，中等的出产在百济、新罗，下等的出产在高丽。泽州、易州、幽州、檀州出产的人参，作药用没有疗效，更何况那些比它们还不如的人参呢！倘若误把荠苨当人参服用，将会使各种疾病不得痊愈。明白了人参对人的妨害，茶对人的妨害，也就可明白了。

点

评

本章以"茶之本源"为题，全面概述了茶的多方面
内容，包括：茶的产地起源和特性，茶树的植物学性状、
茶的名称、用字，茶树生长栽培的环境条件、栽培方法、
鲜叶品质的高下及鉴别方法，茶的效用，以及采、制茶
不得法就会对人造成妨害等。

首句"南方之嘉木"极其言简意赅，形象生动地概
述了茶树的产地之源，以及茶树的秉性美好。茶之嘉，
体现在两个方面，一是饮茶益人，二是在很长的历史时
间里，茶都是高附加值的经济作物。

自战国末期楚国屈原（约前 340—前 278）《楚辞》
第八篇《橘颂》"后皇嘉树"起，中国古代文人即有以
"嘉"称颂某类植物，或以某类植物的品质乃至美人以比
况君子之性的传统，即"香草美人"的传统。陆羽《茶
经》沿袭了这一传统，称茶为生长于南方的嘉木，与本
章下文中的"精行俭德"相呼应，使植物之茶，标著了
品德之性，吸引着读者跟随作者继续往下探究茶之知
识。而陆羽称茶为嘉木亦为后人所承袭，至北宋文豪苏
轼，更是将茶叶视为嘉叶，为其撰写了拟人化的传记作

丁香。茶蒂像丁香蒂

云南保山千年古茶树

品《叶嘉传》，盛赞茶叶清白可爱风劲颖挺的君子资质，明代徐岩泉还称茶为居士并为其作传。

茶树原产于中国西南地区，《茶经》关于高数十尺的野生大茶树的描述与记载，在当时或许只是趣闻，只是陆羽如实记录其实地考察所获茶知识的一个小小的部分。而在中国大量的野生大茶树尚未被实地发现之前，《茶经》记载的野生大茶树就成为中国野生茶树的历史文献证据。这也可谓是《茶经》对于中国茶业与茶文化的历史贡献之一。

关于茶树"植而罕茂"的论述，是首次论及茶的不宜移植之性，古时囿于知识技术，茶树移植之后很难成活，故而只能以种子直播，所以此后人们将此局限称为茶的"不移"或"不迁"之性，甚至将这一植物种植现象比附到社会生活中，将茶引入婚姻之礼，用其"不迁"之性，来单向且严苛地要求婚姻中的女性。此后，甚至形成"三茶六礼"的婚姻习俗。

陆羽在本章首次将茶性与君子精行俭德之性相提并论，提升了茶的文化内涵。

关于"茶之为用，味至寒，为饮，最宜精行俭德之人"一段文字，历来有两种标点方法。一种如本书的标点（另有将"为饮最宜精行俭德之人"不点断的，视为同一类标点法）。另一种标点如下："茶之为用，味至寒，为饮最宜。精行俭德之人……"笔者以为，一则，性味

云南哀牢山古森林中的茶招所

寒凉宜饮之物甚多，不独于茶。二则，若只讲茶的功用最宜饮用，则须是与茶的其他功用相比较而言，但显然《茶经》至此并未论及茶在饮用之外的其他功用。所以，以行文逻辑而言，讲茶"为饮最宜"不妥。有持论者论证后一种标点法，其中一个最重要的论证是，认为若不以其方法标点，则后文"若热渴、凝闷……聊四五啜，与醍醐、甘露抗衡也"的饮茶行为就没有了主语，这个论证值得商榷。因为省略主语的句式，是多种语言中的常见现象，也是汉语的一个特征，表明谓语的行为主体可以是任何人。对于茶的功能作用来说，显然是适用于任何饮用之人的。将"精行俭德之人"点断给下文做主语，作为行为主体，反而是将茶的功用限定在只有"精行俭德之人"饮用才能有作用，而很显然事实并不是这样的。更何况，陆羽将其所著茶书名为《茶经》，是因为茶可以行之久远，经可以绳之于任何人。正是因为茶饮的功能对任何饮茶之人皆有，因而其至寒之味"最宜精行俭德之人"才值得特别提出。

本章关于茶的用字、茶的名称，对茶的起源研究有所助益。

本章的一些撰述方法也值得称道：通过与其他植物相关部位类比的方法介绍茶的植物学性状；介绍种茶法时，也用为人所熟知的种瓜法相比；论述茶既益人但若采造不得法也会对人造成妨害时，则用人所熟知的中药名品人参作比。作为世界上第一部茶学著作，可以说作者陆羽是在茶尚不为人所遍知的情况下采用的最佳的介绍方法，对于图书与游学都不甚便利的古人来说，易于明白和掌握。

在大力宣扬茶的同时，陆羽对其中可能存在的问题绝不回避、绝不虚词掩饰，客观地陈述不好的茶可能会对人产生的危害，这在此后续出的同类著作中是极为罕见的，这让人看到陆羽的科学态度、客观精神，对后人永远都有垂范作用。人们可以看到陆羽是站在人的高度，而非单纯站在茶的物质的立场上谈论茶叶，这对当下社会，是有其启发意义的。

二之具

籝（加追反）[一][1]，一曰篮，一曰笼，一曰筥[2]，以竹织之，受[二]五升[3]，或一斗[4]、二斗、三斗者，茶人负以采茶也。（籝，《汉书》音[三]盈，所谓[四]"黄金满籝，不如一经。"[5]颜师古[6]云："籝，竹器也，受[五]四升耳。"）

灶，无用突[六][7]者。釜[8]，用唇口[9]者。

甑[10]，或木或瓦，匪腰而泥[11]，篮以箄之[12]，篾以系之[13]。始其蒸也，入乎箄；既其熟[七]也，出乎箄。釜涸，注于甑中。（甑，不带而泥之[14]。）又以穀木枝三桠[八]者制之[15]，散所蒸牙笋并叶，畏流其膏[16]。

杵臼[17]，一曰碓[18]，惟恒用者佳。

规，一曰模，一曰棬[19]，以铁制之，或圆，或方，或花。

承，一曰台，一曰砧[20]，以石为之。不然，以槐桑木半埋地中，遣无所摇动。

檐[21]，一曰衣，以油绢或雨衫、单服败者为之[22]。以檐置承上，又以规置檐上，以造茶也。茶成，举而易之。

芘莉[23]（音杷[九]离），一曰籝[一〇]子，一曰篣筤[24]。以二[一一]小竹，长三赤[一二]，躯二[一三]尺五寸，柄五寸。以篾[一四]织方眼，如圃人土罗[一五]，阔二尺以列茶也。

棨[25]，一曰锥刀。柄以坚木为之，用穿茶也。

扑[一六][26]，一曰鞭。以竹为之，穿茶以解[27]茶也。

焙[28]，凿地深二尺，阔二尺五寸，长一丈。上作短墙，高二尺，泥之。

贯[29]，削竹为之，长二尺五寸，以贯茶焙之[一七]。

棚，一曰栈。以木构于焙上，编木两层，高一尺[一八]，以焙茶也。茶之半干，升下棚，全干，升上棚。

穿[30]（音钏），江东、淮南剖竹为之[31]。巴川[一九]峡山[32]纫榖皮为之。江东以一斤为上穿，半斤为中穿，四两五两为小[二〇]穿。峡中[33]以一百二十斤为上穿[二一]，八十斤为中穿，五十斤为小[二二]穿。字[二三]旧作钗钏之"钏"字，或作贯串。今则不然，如磨、扇、弹、钻、缝五字，文以平声书之，义以去声呼之，其字以穿名之。

育，以木制之，以竹编之，以纸糊之。中有隔，上有覆，下有床，傍有门，掩一扇。中置一器，贮煻煨[34]火，令熅熅[35]然。江南梅雨时[36]，焚之以火。（育者，以其藏养为名。）

校 记

一 籝（加追反）：仪鸿堂本作"籝余轻切，音盈"。按：《茶经》所注与今音不同。

二 受：仪鸿堂本作"容"。

三 音：原作"者"，今据竟陵本改。

四 《汉书》音盈，所谓：仪鸿堂本作"《汉书·韦贤传》"。

五 受：竟陵本作"容"。

六 突：竟陵本作"窔"。仪鸿堂本注曰："灶突，囱也。《汉书》：曲突徙薪。《集韵》作埃，一作灶窔。窔音森，未知孰是。"

七 熟：西塔寺本作"蒸"。

八 桠：原作"亚"，今据照旷阁本改。按：竟陵本注云："亚当作桠，木桠枝也。"

九 杷：《唐代丛书》本作"把"。按：《茶经》所注"芘"音与今音不同。

一〇 籝：原作"嬴"，今据陆氏本改。按：华氏本作"嬴"，通"籝"。

一一 二：大观本作"一"。布目潮沨《茶经详解》以为原本作"一"，误。

一二 赤：竟陵本作"尺"。 涵芬楼本注云："赤与尺同"。

一三 躯：集成本作"阔"，涵芬楼本作"躯亦"。
二：集成本作"一"。

一四 篯：原作"蒉"，今据《五朝小说》本改。

一五 罗：西塔寺本作"箩"。

一六 扑：《五朝小说》本作"朴"。

一七 茶焙之：涵芬楼本作"焙茶也"。

一八 尺：《说荟》本作"丈"。

一九 川：《五朝小说》本作"州"。

027

二〇 小：喻政《茶书》本作“下”。

二一 穿：原脱，今据华氏本补。

二二 小：《说荟》本作“下”。

二三 字：喻政《茶书》本作“穿字”。

注释

1　籯（yíng）：筐、笼一类的盛物竹器，也作"籝"。原注音加追反，误。

2　筥（jǔ）：圆形的盛物竹器。《毛诗故训传》曰："方曰筐，圆曰筥。"

3　升：唐代一升约合今天的 0.6 升。

4　斗：一斗合十升，唐代一斗约合今天的 6 升。

5　**黄金满籯，不如一经**：此句出自《汉书》卷七三《韦贤传》："遗子黄金满籯，不如一经。"刘逵为《昭明文选》作注引《韦贤传》时，"籯"作"籝"，陆羽《茶经》沿用此"籝"。

6　颜师古：唐训诂学家，名籀，字师古，以字行，京兆万年（今陕西西安）人。颜师古少传家业，遵循祖训，博览群书，学问通博，擅长于文字训诂、声韵、校勘之学。曾仕唐太宗朝，官至中书郎中。曾为班固《汉书》等书作注。《旧唐书》卷七三、《新唐书》卷一九八有传。

7　突：烟囱。陆羽提出茶灶不要有烟囱，是为了使火力集中锅底，这样可以充分利用锅灶内的热能。唐陆龟蒙《茶灶》诗曰："无突抱轻岚，有烟映初旭。"（《全唐诗》卷六二〇）描绘了当时茶灶不用烟囱的情形。

8　釜（fǔ）：古炊器。敛口，圜底，或有二耳。其用如鬲，置于灶口，上置甑以蒸煮。盛行于汉代。有铁制的，也有铜制和陶制的。相当于现在的锅。

9　唇口：敞口，锅口边沿向外翻出。

10　甑（zèng）：古代用于蒸食物的炊器，类似于现代的蒸锅。

11 **匪腰而泥**：甑不要用腰部突出的，而将甑与釜连接的部位用泥封住。这样可以最大限度地利用锅釜中的热能。下文"甑，不带而泥之"实是注这一句的。

12 **篮以箅（bǐ）之**：用篮状竹编物放在甑中作隔水器。箅，小笼，覆盖甑底的竹席。扬雄《方言》卷十三："箅，篝也（古筥字）……篝小者……自关而西秦晋之间谓之箅。"郭璞注云："今江南亦名笼为箅。"

13 **篾以系之**：用篾条系着篮状竹编物隔水器箅，以方便其进出甑。

14 **带**：系束，捆缚。

泥之：用稀泥或如稀泥一样的东西涂抹或封固。

15 **以榖（gǔ）木枝三桠者制之**：用有三条枝桠的榖木制成叉状器物。榖木，指构树或楮树，初夏开淡绿色小花，雌雄异株，果实圆球形，成熟时鲜红色，皮可制桑皮纸。在中国分布很广，它的树皮韧性大，可用来做绳索，故下文有"刓榖皮为之"语，其木质韧性也大，且无异味。

16 **膏**：膏汁，指茶叶中的精华。

17 **杵臼**：杵与臼。舂捣粮食或药物等的工具。

18 **碓（duì）**：舂米的工具。最早是一臼一杵，用手执杵舂米。后用柱架起一根木杠，杠端系石头，用脚踏另一端，连续起落，脱去下面臼中谷粒的皮。后又有利用畜力、水力等代替人力的，使用范围亦扩大，如舂捣纸浆等。

19 **桊（quān）**：像升或盂一样的器物，曲木制成。

20 **砧（zhēn）**：垫座、垫板。

21 **檐（yán）**："簷"的本字。凡物下覆，四旁冒出的边沿都叫檐。这里指铺在砧上的布，用以隔离砧与茶饼，使制成的茶饼易于拿起。

22 **油绢**：涂过桐油或其他干性油的绢布，有防水性能。

雨衫：防雨的衣衫。

单服：单薄的衣服。

23 **芘莉（bì lì）**：芘、莉为两种草名，此处指一种用草编织成的列茶工具，《茶经》中注其音为杷离，与今音不同。

24 **篣筤（páng láng）**：篣、筤为两种竹名，此处义同芘莉，指一种用竹编成笼、盘、箕一类的列茶工具。扬雄《方言》卷十三："笼，南楚江沔之间谓之篣。"

25 **棨（qǐ）**：古时刻木以为信符称为棨，另指仪仗中用黑缯装饰的戟。此处指用来在茶饼上钻孔的锥刀。

26 **扑**：穿茶饼的绳索、竹条。

27 **解（jiè）**：搬运，运送。

28 **焙（bèi）**：微火烘烤，这里指烘焙茶饼用的焙炉，又泛指烘焙用的装置或场所。

29 **贯**：贯串茶饼用以焙茶的长竹条。

30 **穿（chuàn）**：贯串制好茶饼的索状工具。

31 **江东**：唐开元十五道之一江南东道的简称。

淮南： 唐淮南道，贞观十道、开元十五道之一。

32 **巴川峡山：** 指渝东、鄂西地区，今湖北宜昌至重庆奉节的三峡两岸。唐人称三峡以下的长江为巴川，又称蜀江。

33 **峡中：** 指重庆、湖北境内的三峡地带。

34 **煻煨（táng wěi）：** 热灰，可以煨物。

35 **煴煴（yūn）：** 火势微弱没有火焰的样子。

36 **江南梅雨时：** 农历四五月梅子黄熟时，江南正是阴雨连绵、非常潮湿的季节，为梅雨时节。江南：长江以南地区，一般指今江苏、安徽两省的南部和浙江一带。

籯（加追反），又叫篮，又叫笼，又叫筥，用竹编织，容积五升，或一斗、二斗、三斗，是茶人背着采茶用的。（籯，《汉书》音盈，有"黄金满籯，不如一经"的说法。颜师古注："籯，是一种竹器，容量四升。"）

灶，不要用有烟囱的（这样可以使火力集中于锅底）。釜，要用锅口向外翻出有唇边的。

甑，木制或陶制。腰部不要突出，用泥封抹。甑内放竹篮做隔水器，并用竹篾系着，以方便将竹篮放入及提出甑内。开始蒸的时候，将茶叶放到竹篮内；等到蒸熟了，将茶叶从竹篮中倒出。锅里的水快煮干时，从甑中加水进去。（甑，腰部不要绑绕而用泥封抹。）还要用三杈的榖木制成叉状器，抖散蒸后的嫩芽叶，以免茶汁流失。

杵臼，又名碓，以经常使用的为好。

规，又叫模，又叫棬，用铁制成，有圆形，有方形，有花形。

承，又叫台，又叫砧，用石制成。不然，将槐树、桑树半截埋在土中，使它不能摇动。

上图：陶灶，汉，荆州博物馆藏
下图：陶甑，汉，西安半坡博物馆藏

檐，又叫衣，可用油绢或穿坏了的雨衣、单衣来做。把"檐"放在"承"上，再把茶模放在"檐"上，就可以压制茶饼了。压制成饼后，可以很方便地拿起来，再做另外一个。

芘莉（音杷离），又名籝子，又名筹筤。用两根三尺长的小竹竿，制成身长二尺五寸、手柄长五寸、宽二尺的工具，用竹篾织成方眼状的竹匾，就像种菜人用的土罗，用来放置刚制成的茶饼。

棨，又叫锥刀，用坚实的木料做柄，用来给茶饼穿孔。

扑，又叫鞭，用竹条做成，用来把茶饼穿成串，以便搬运。

焙，地上挖坑深二尺，宽二尺五寸，长一丈。上砌矮墙，高二尺，用泥涂抹。

贯，用竹子削成，长二尺五寸，用来焙茶时贯串茶饼。

棚，又叫栈。用木做成架子，放在焙上，分为两层，层高一尺，用来烘焙茶饼。茶饼半干时，放到下层；全干时，升到上层。

穿（音钏），江东、淮南剖分竹子制作。巴川、峡山地区用榖树皮制作。江东把一串一斤的茶称为上穿，半斤的称为中穿，四两、五两的（十六两制）称为小穿。峡中地区则称一百二十斤为上穿，八十斤为中穿，五十

《萧翼赚兰亭图》（局部），[南宋] 佚名，绢本设色，手卷，纵 28 厘米，横 65 厘米，
台北故宫博物院藏

斤为小穿。"穿"字，原先作钗钏的"钏"字，或作贯串。现在则不同，像磨、扇、弹、钻、缝五字一样，写在文章中是平声（作动词），表示名词的意思则要读去声，字意也按读去声的来讲，字形就写"穿"。

育，用木制作，用竹篾编织，再用纸裱糊。中间有隔挡，上有盖，下有底盘，旁边有门，掩着一扇门。中间放一器皿，里面盛着热灰火，这样的火火势微弱没有火焰。江南梅雨季节时，烧火除湿。（育，因为对茶有保藏养益作用而定名。）

《撵茶图》，[南宋] 刘松年，绢本设色，立轴，纵 44.2 厘米，横 61.9 厘米，台北
故宫博物院藏

本章详细介绍了采摘、制造、贮藏蒸青饼茶的一系列十多种器具，从形状、质地、尺寸到用法、功能，一一详细列举。从系列用具中可以看到，唐代饼茶的生产工序紧凑而完整。从籝、芘莉、焙等用具的尺寸来看，唐代饼茶生产是有一定规模的，从中也可见唐代社会对茶叶的需求量较大。

虽然在《论语》中就有"工欲善其事，必先利其器"的成语，但是自汉武帝采纳董仲舒的建议"罢黜百家，独尊儒术"之后，中国古代士大夫以诗书传家，帝王官府以经义取士，先秦儒家倡导的六艺，除诗、书外大多被士人摒弃殆尽。士人们在日渐不能坐而论道的同时，也慢慢丧失了他们在科技、生产等方面的智力与能力。甚至在士人的评价体系中，技能与机巧都成了负面的能力与事物。在这样的社会文化背景下，陆羽对于采摘、制造、保藏茶叶工具的全面介绍，更显得难能可贵。

陆羽对整套制茶工具的细致介绍，使得唐代蒸青饼茶的生产工艺能够在一千多年后仍然清晰地展现在人们

茈莉。如今，茈莉的形状已经很丰富，不再局限于两根竹棍中间以竹编制而成，主要用于放置茶饼

的眼前，使之不致因中国制茶工艺的发展演变舍之不用而尘封零落，也让人们看到当今独步天下的日本蒸青抹茶的源头所在。

在"茶人负以采茶"句中，陆羽首次提出了"茶人"的概念，负籝采茶的人也是茶人，与当下的茶人概念有所不同。陆羽之于茶，是从采摘、制造、煎煮到饮用全过程参与的，他所言茶人应该是指参与茶叶采制到饮用流程的人。然而由于时移境迁，社会分工的日益细致成熟，种茶摘茶的人成为茶农茶工，基本成为原料鲜叶或毛茶的单纯提供者，而不再是制作—贸易—消费这些被视作茶业重要环节从业的茶人了。茶叶在农、工、商三个领域利润的巨大差距，导致了在这三大产业领域茶叶从业人员地位的悬殊，种茶摘茶的人始终只能被称为"茶农"，参照陆羽的"茶人"概念，可知这种现象是种遗憾。缺少了种茶摘茶人的茶人概念可谓不完整，种茶摘茶人的地位畸轻，也正是茶业拼图不能很完整的重要原因之一。当代茶圣吴觉农晚年时曾经这样描述过茶人风格："我从事茶叶工作一辈子，许多茶叶工作者、我的同事和我的学生同我共同奋斗，他们不求功名利禄、升官发财，不慕高堂华屋、锦衣美食，不沉溺于声色犬马、灯红酒绿，大多一生勤勤恳恳、埋头苦干、清廉自守、无私奉献，具有君子的操守，这就是茶人风格。"然而，即使是不包括茶农在内的茶人，在茶业各环节中的所作所为，仍然存在着种种不尽如人意的现象，比如制假售假、以次充好、虚假宣传、恶意炒作等，距离吴觉农先生所推许的茶人风格相去甚远，有些甚至是背道而驰。而陆羽所提的茶人概念，应该是个要求更高的警醒。

三之造

凡采茶在二月、三月、四月之间[1]。

茶之笋者，生烂石沃土，长四五寸，若薇蕨[2]始抽，凌露采焉[3]。茶之牙者，发于丛薄[4]之上，有三枝、四枝、五枝者，选其中枝颖拔[5]者采焉。其日有雨不采，晴有云不采。晴，采之，蒸之，捣之，拍之，焙之，穿之，封之，茶之干矣[6]。

茶有千万状，卤莽而言[7]，如胡人靴[8]者，蹙缩然（京锥[一]文也）[9]；犎牛臆者[10]，廉襜然[11]；浮云出山者，轮囷[二][12]然；轻飚[13]拂水者，涵澹[14]然。有如陶家之子，罗膏土以水澄泚之（谓澄泥也）[15]。又如新治地者，遇暴雨流潦之所经。此皆茶之精腴。有如竹箨[16]者，枝干坚实，艰于蒸捣，故其形籭簁然（上离下师[三]）[17]。有如霜荷者，茎[四]叶凋沮[18]，易其状貌，故厥状委悴[五][19]然。此皆茶之瘠老者也。

自采至于封七经目，自胡靴至于霜荷八等。或以光黑平正言嘉[六]者，斯鉴之下也；以皱黄坳垤[20]言佳[七]者，鉴之次也；若皆言嘉[八]及皆言不嘉者，鉴之上也。何者？出膏者光，含膏者皱；宿制者则黑，日成者则黄；蒸压则平正[九]，纵之[21]则坳垤。此茶与草木叶一也。茶之否臧[一〇][22]，存[一一]于口诀。

校 记

一　锥：原作"虽"，今据竟陵本改。
"京锥"：四库本作"谓"。

二　困：原作"菌"，今据《四库》
本改。

三　上离下师：仪鸿堂本作"音诗洗"。

四　茎：陶氏本作"至"。

五　悴：原作"萃"，今据照旷阁本改。
喻政《茶书》本作"瘁"，义同。

六　嘉：照旷阁本作"佳"。

七　佳：仪鸿堂本作"嘉"。

八　嘉：涵芬楼本作"嘉者"。

九　正：仪鸿堂本作"直"。

一〇　否臧：《四库》本作"臧否"。

一一　存：《大观》本作"要"。

注释

1　**凡采茶在二月、三月、四月之间：** 唐历与现今的农历基本相同，其二、三、四月相当于现在公历的三月中下旬至五月中下旬，也是现今中国大部分产茶区采摘春茶的时期。

2　**薇蕨：** 薇，薇科。蕨，蕨类植物，根状茎很长，蔓生土中，多回羽状复叶，此处用来比喻新抽芽的茶叶。

3　**凌露采焉：** 趁着露水还挂在茶叶上没干时就采茶。

4　**丛薄：** 丛生的草木。

5　**颖拔：** 挺拔。

6　**茶之干矣：** 本句颇难索解。诸家注释《茶经》时对此有三解：茶饼完全干燥；茶就做成了；将茶饼挂在高处。

7　**卤莽而言：** 粗略地说，大致而言。卤，通"鲁"。

8　**胡人靴：** 胡，中国古代北部和西部非汉民族的通称，他们通常穿着长筒的靴子。

9　**蹙（cù）：** 皱缩。
　　京锥： 不能确解。吴觉农解释为箭矢上所刻的纹理，周靖民解为大钻子刻划的线纹，日本布目潮沨则沿大典禅师的解说，认为是一种当时著名的纹样。
　　文： 纹理。

10　**犎（fēng）牛：** 一种野牛，其颈后肩胛上肉块隆起。亦名封牛、峰牛。一说即单峰驼。
　　臆（yì）： 胸部。

11　**廉襜（chān）然：** 像帷幕一样有起伏。廉，边侧；襜，围裙，车帷。

12 轮囷（qūn）：曲折回旋状。囷，回旋、围绕。

13 轻飙（biāo）：轻风。飙，本义暴风，又广泛指风。

14 涵澹（dàn）：水因微风而摇荡的样子。澹，水波起伏，引申为飘动，摇动。

15 澄（dèng）：沉淀，使液体中的杂质沉淀分离。

泚（cǐ）：清澈，鲜明。

澄泥：陶工淘洗陶土。

16 箨（tuò）：竹笋皮。包在新竹外面的皮叶，竹长成逐渐脱落。俗称笋壳。

17 籭（shāi）：同"筛"，竹器，可以去粗取细，即民间所用的竹筛子。

筵（shāi）：竹筛子。《说文·竹部》："籭，竹器也，可以去粗取细，从竹，丽声。"段玉裁注："籭，筵，古今字也，《（汉）书·贾山传》作筛。"

18 凋沮：凋谢，枯萎，败坏。

19 委悴：枯萎，憔悴，枯槁。

20 坳垤（āo dié）：指茶饼表面凹凸不平整。坳，土地低凹；垤，小土堆。

21 纵之：放任草率，不认真制作。

22 否臧（pǐ zāng）：优劣。否，恶；臧，善，好。

茶树叶子

茶叶采摘，一般都在农历二月、三月、四月之间。

肥壮如春笋紧裹的芽叶，生长在有风化碎石的肥沃土壤里，长四五寸，当它们刚刚抽芽像薇、蕨嫩叶一样时，带着露水采摘。次一等的茶叶生长在丛生的茶树枝条上，有同时抽生三枝、四枝、五枝的，选择其中长得挺拔的采摘。当天有雨不采茶，晴天有云也不采。在天晴无云时，采摘茶叶，放入甑中蒸熟，后用杵臼捣烂，再放到棬模中拍压成饼，接着焙干，最后穿成串，包装好，茶叶就制造完成了。

茶饼外观千姿百态，粗略地说，有的像胡人的靴子，皮面皱缩（像京锥的纹样）；有的像犎牛的胸部，有起伏的褶皱；有的像浮云出山，曲折盘旋；有的像轻风拂水，微波涟漪；有的像陶匠罗筛陶土，再用水淘洗出的泥膏那么细腻（陶工淘洗陶土称为澄泥）；有的又像新平整的土地，被暴雨急流冲刷过后的平滑。这些都是精美上等的茶。有的茶叶老得像笋壳，枝梗坚硬，很难蒸捣，以之制成的茶饼像箩筐（音离师）——箩筛一样坑坑洼洼；有的茶叶像经历秋霜的荷叶，茎叶凋零萎败，

茶砖，1960–1980 年制造，产于四川，英国维多利亚与阿尔伯特博物馆藏

已经变形，以之制成的茶饼外貌枯槁。这些都是粗老不好的茶。

从采摘到封装，经过七道工序，从类似靴子的皱缩状到类似经霜荷叶的萎败状，共八个等级。有人把黑亮、平整作为好茶的标志，这是下等的鉴别方法。从皱缩、黄色、凹凸等方面特征来鉴别好茶，这是次等的鉴别方法。若能从总体指出茶的佳处，又能从总体道出不好处，才是最好的鉴别方法。为什么呢？因为压出了茶汁的就光亮，含有茶汁的就皱缩；隔夜制成的色黑，当天制成的色黄；蒸后压得紧的就平整，任其自然不紧压的就凹凸不平。这是茶和草木叶共同的情况。茶叶品质好坏的鉴别，存有口诀。

普洱茶膏，清，故宫博物院藏

本章概述了采制茶叶的节气时令要求，制茶的工序，以及成品茶的外形特征与鉴别方法。

陆羽首先明确采茶的时间是在二、三、四月之间，时当仲春、季春与孟夏，采制之茶主要是春茶。在陆羽之前，晋郭璞虽有"早取为茶，晚取为茗"即春茶、秋茶皆有的记载，不过从晋杜育《荈赋》所言"月惟初秋，农功少休"来看，似乎还更重视秋茶一些，因为秋天农事——主要粮食生产已经完成，此时采茶，不会妨碍农事，可见茶叶完全是农业的附属。《茶经》讲求采制春茶，完全是从茶叶本身特性出发的，因为春茶正如唐代杨晔《膳夫经手录》所言蒙顶茶："春时，所在吃之皆好"，这可谓是茶叶至陆羽时代的发展要求与体现，对此后茶叶的日益发展与繁荣有着决定性的影响。

陆羽在本章对采制茶叶的第一步——采茶提出了很高的要求，一是要带露采茶，二是采茶当日的天气须得是晴天无云。

晴天无云采茶的要求，从手工制茶的条件来讲，这是非常实用的经验之谈，适当的温度以及湿度对于手工制出好茶而言，是最基本的环境条件，辅之以当天完成的蒸、造、烘焙等工序，才能制出好茶。虽然晴天采茶的要求已经被实践证明比较合理，不过随着人们对茶叶研究的加深，以及生产茶叶条件的改善，加之新茶及时下树的要求，现在阴雨天也可以采茶了。

《茶经》"凌露采焉"即带露采茶的要求，曾经在宋代北苑官焙茶园的生产中达到无以复加的极致地步，为了保证鲜叶带露，必须在日出之前就完成采茶。为此，监造官在凌晨击鼓开采，在日出之前鸣钲收工："采茶不许见日出。"但是这样就使得能够采茶的时间极短，为了达到一定的采茶量，就要求有大量的采茶工，这只有不计成本的官焙茶园才能做到。而带露采茶实质上也只是保证了鲜叶的滋润，在此后对露水对于茶叶作用的认识趋于理性、茶叶生产规模日渐增大的情况下，这项要求逐渐不再为人讲求。但是陆羽对于鲜味品质的讲求却一直是有指导意义的，只不过现在这项要求转向了芽叶嫩度等方面。

而关于生产流程，陆羽总共只用了十四个字就交待了唐代蒸青饼茶的全部生产流程工序："采之，蒸之，捣之，拍之，焙之，穿之，封之"，与《二之具》中相应的生产用具相互印证，简洁而清晰。

本章的绝大部分篇幅，都在阐述茶饼的品质与鉴别，表明成品茶的品质鉴定在唐代就是一个重要问题，表明

THE STORY OF TEA

The most delicate flavor of all tea leaves come from bushes grown on the high mountain tops. The farmers are transplanting the young bushes on a mountain, in the early spring time.

說茶

茶葉中味之至美者皆探
自生長於高山上之叢林
也在早春之際農民皆已
移植幼樹於山上焉

《栽茶图》，[清] 佚名，《茶景全图》

In China, all members of the family help in preparing the tea for market. The women here are plucking the leaves. The "two leaves and a bud" at the end of a branch make the most delicate tea. The small baby is also taken to the tea garden, for there is no body at home to take care of him.

中國風俗全家之人應互
相幫助辦茶應市婦女亦
當往採茶葉生在枝端之
兩葉及其嫩芽皆爲最美
味之茶雖係嬰孩亦須攜
至茶園蓋乏人在家照料
也

《采茶图》，[清]佚名，《茶景全图》

这一问题的难度之大以及陆羽对于这一问题的重视。作为须加工而成的植物产品，加工品质与成品茶饼品质成等比对应，采制合时得宜者，大抵能制成"精腴"的好茶，反之只能制成"瘠老"的差茶。陆羽介绍了几种加工方式与茶饼表面特征的对应关联，唐代饼茶因为紧压成形，所以鉴别主要是从茶饼的外观色泽纹理着手。并称"茶之否臧，存于口诀"而不再作更多详细介绍。这表明中唐时已经有口诀言传鉴别饼茶的方法经验，可见鉴茶在当时已经是茶叶普泛而重要的问题。

《三之造》对成品饼茶的质量鉴别，与《一之源》中"采不时，造不精"的内容相呼应，但对于"杂以卉莽"掺杂甚至制假的茶饼鉴别尚未言及。当然，饼茶由于压制成饼，只能从表面以经验判别其品质，内中的夹杂是无法直观的，只有打开茶饼并煎煮品尝才能做到，现今普洱茶饼的鉴别问题依然如此。

不过，无论如何，陆羽《茶经》首次创立了成品茶的鉴别课题，此后，不论茶叶的制作工艺、外观形态如何发展，茶叶品质的鉴定始终是业界评审和消费者都关心的重大问题。

茶经卷

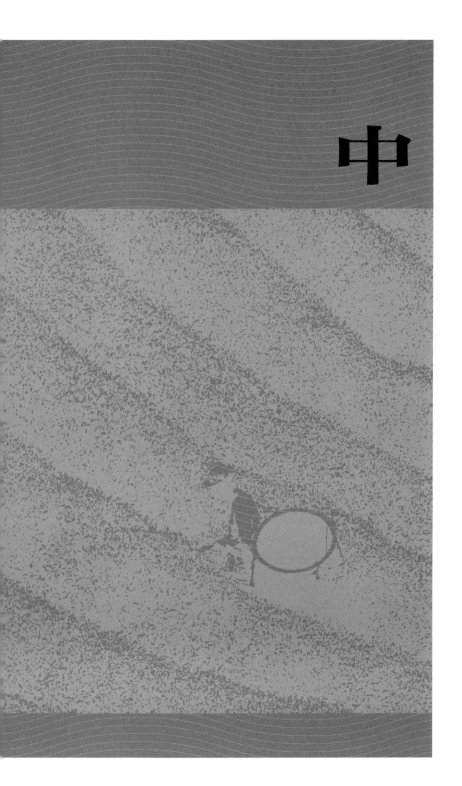

中

四之器

风炉（灰承）	筥	炭檛	火筴⁻	鍑
交床	夹	纸囊	碾（拂末）	罗合
则	水方	漉水囊	瓢	竹筴
醝簋（揭二）	熟盂	碗	畚（纸帊三）	札
涤方	滓方四	巾	具列	都篮¹

风炉（灰承）

风炉以铜铁铸之，如古鼎形，厚三分，缘阔九分，令六分虚中，致其杇墁²。凡三足，古文³书二十一字。一足云："坎上巽下离于中"⁴；一足云："体均五行⁵去百疾"；一足云："圣唐灭胡明年铸"⁶。其三足之间，设三窗。底一窗以为通飙⁷漏烬之所。上并古文书六字，一窗之上书"伊公"⁸二字，一窗之上书"羹陆"二字，一窗之上书"氏茶"二字。所谓"伊公羹，陆氏茶"也。置墆㙫五⁹于其内，设三格：其一格有翟¹⁰焉，翟者，火禽也，画一卦曰离；其一格有彪¹¹焉，彪者，风兽也，画一卦曰巽；其一格有鱼焉，鱼者，水虫¹²也，画一卦曰坎。巽主风，离主火，坎主水，风能兴火，火能熟六水，故备其三卦焉。其饰，以连葩、垂蔓、曲水、方文之类[13]。其炉，或锻[七]铁[14]为之，或运泥为之。其灰承，作三足铁柈枱[八]之[15]。

筥[16]

筥，以竹织之，高一尺二寸，径阔七寸。或用藤，作木楦[17]如筥形织之，六出[18]圆[九]眼。其底盖若利箧[19]口，铄[20]之。

炭檛[21]

炭檛，以铁六棱制之，长一尺，锐上[一○]丰中[22]，执细头系一小镊[一一][23]以饰檛也，若今之河陇军人木吾也[24]。或作锤[一二]，或作斧，随其便也。

火筴[一三]

火筴，一名筯[25]，若常用者，圆直一尺三寸，顶平截，无葱台勾锁之属[26]，以铁或熟铜制之。

鍑（音辅，或作釜，或作鬴[27]）

鍑，以生铁为之。今人有业冶者，所谓急铁[28]，其铁以耕刀之趄[一四][29]，炼而铸之。内摸土而外摸沙[30]。土滑于内，易其摩^{一五}涤；沙涩于外，吸其炎焰。方其耳，以正令也³¹。广其缘，以务远也³²。长其脐，以守中也³³。脐长，则沸中³⁴；沸中，则末易扬；末易扬，则其味淳也。洪州³⁵以瓷为之，莱州³⁶以石为之。瓷与石皆雅器也，性非坚实，难可持久。用银为之，至洁，但涉于侈丽。雅则雅矣，洁亦^{一六}洁矣，若用之恒，而卒归于银^{一七}也³⁷。

交床³⁸

交床，以十字交之，剜³⁹中令虚，以支鍑也。

夹

夹，以小青竹为之，长一尺二寸。令一寸有节，节已上剖之，以炙茶也。彼竹之筱⁴⁰，津润于火，假其香洁以益茶味⁴¹，恐非林谷间莫之致。或用精铁熟铜之类，取其久也。

纸囊

纸囊，以剡藤纸⁴²白厚者夹缝之。以贮所炙茶，使不泄其香也。

碾（拂末[43]）

碾，以橘木为之，次以梨、桑、桐、柘[44]为之[一八]。内圆而外方。内圆备于运行也，外方制其倾危也。内容堕[45]而外无余木。堕，形如车轮，不辐而轴焉[46]。长九寸，阔一寸七分。堕径三寸八分，中厚一寸，边厚半寸，轴中方而执[一九][47]圆。其拂末以鸟羽制之。

罗合[48]

罗末，以合盖贮之，以则置合中。用巨竹剖而屈之，以纱绢衣[49]之。其合以竹节为之，或屈杉以漆之，高三寸，盖一寸，底二寸，口径四寸。

则

则，以海贝、蛎蛤之属[50]，或以铜、铁、竹匕策之类[51]。则者，量也，准也，度也。凡煮水一升，用末方寸匕[52]。若好薄者，减之，嗜浓者，增之，故云则也。

水方

水方，以椆木、槐、楸、梓等合之[53]，其里并外缝漆之，受一斗。

漉⁵⁴ 水囊

漉水囊，若常用者，其格以生铜铸之，以备水湿，无有苔秽腥涩⁵⁵ 意。以熟铜苔秽，铁腥涩也。林栖谷隐者，或用之竹木。木与竹非持久涉远之具，故用之生铜。其^{二〇} 囊，织青竹以卷之，裁碧缣⁵⁶ 以缝之，纽翠钿⁵⁷ 以缀之^{二一}。又作绿油囊⁵⁸ 以贮之，圆径五寸，柄一寸五分。

瓢

瓢，一曰牺杓⁵⁹。剖瓠⁶⁰ 为之，或刊木为之。晋舍人杜育^{二二}《荈赋》云⁶¹："酌之以匏⁶²。"匏，瓢也。口阔，胫薄，柄短。永嘉⁶³ 中，余姚⁶⁴ 人虞洪入瀑布山采茗，遇一道士，云："吾，丹丘⁶⁵ 子，祈子他日瓯牺⁶⁶ 之余，乞^{二三} 相遗⁶⁷ 也。"牺，木杓也。今常用以梨木为之。

竹筴^{二四 68}

竹筴，或以桃、柳、蒲葵木为之，或以柿心木为之。长一尺，银裹两头。

鹾簋（揭）⁶⁹

鹾簋，以瓷为之。圆径四寸，若合形，或瓶、或罍⁷⁰，贮盐花也。其揭，竹制，长四寸一分，阔九分。揭，策⁷¹也。

熟盂

熟盂，以贮熟水，或瓷，或沙，受二升。

碗

碗，越州⁷²上，鼎州⁷³次，婺州⁷⁴次，岳州⁷⁵次^{二五}，寿州⁷⁶、洪州次。或者以邢州⁷⁷处越州上，殊为不然。若邢瓷类银，越瓷类玉，邢不如越一也；若邢瓷类雪，则越瓷类冰，邢不如越二也；邢瓷白而茶色丹，越瓷青而茶色绿，邢不如越三也。晋杜育《荈赋》所谓："器泽陶简^{二六}，出自东瓯。"瓯，越也。瓯，越州上，口唇不卷，底卷而浅，受半升^{二七}已下。越州瓷、岳瓷皆青，青则益茶。茶作白红^{二八}之色。邢州瓷白，茶色红；寿州瓷黄，茶色紫；洪州瓷褐，茶色黑；悉^{二九}不宜茶。

畚（纸帊^{三〇}）⁷⁸

畚，以白蒲⁷⁹卷而编之，可贮碗十枚。或用筥。其纸帊^{三一}以剡纸⁸⁰夹缝，令方，亦十之也。

札

札，缉栟榈皮以茱萸木夹而缚之⁸¹，或截竹束而管之，若巨笔形。

涤方

涤方，以贮涤洗之馀，用楸木合之，制如水方，受八升。

滓方

滓方，以集诸滓，制如涤方，处^{三二}五升。

巾

巾，以絁⁸²布为之，长二尺，作二枚，互用之，以洁诸器。

具列

具列，或作床⁸³，或作架。或纯木、纯竹而制之，或木，或^{三三}竹，黄黑可扃⁸⁴而漆者。长三尺，阔二尺，高六寸。具列^{三四}者，悉敛诸器物，悉以陈列也。

都篮

都篮，以悉设^{三五}诸器而名之。以竹篾内作三角方眼，外以双篾阔者经⁸⁵之，以单篾纤者缚之，递压双经，作方眼，使玲珑。高一尺五寸，底阔一尺、高二寸，长二尺四寸，阔二尺。

校记

一　火筴：原脱，今据《四库》本补。

二　揭：原作"楬"，据下文及文义改。参看下文注。

三　纸帊：二字原脱，据下文"畚"条，纸帊为畚的附属器，据补。

四　滓方：二字原脱，据《四库》本补。

五　墇：原作"墇"，今据陶氏本改。

六　熟：涵芬楼本作"热"。

七　鍜：涵芬楼本作"鍊"。

八　枻：竟陵本作"抬"，西塔寺本作"台"。

九　圆：原作"固"，今据竟陵本改。

一〇　上：原作"一"，今据《长编》本改。按：本句意指炭檛头上尖，中间粗大，故当以"上"为较妥。

一一　锞：仪鸿堂本注曰："当为镮"。

一二　锤：仪鸿堂本作"槌"。

一三　筴：西塔寺本作"夹"。下同。

一四　刀：《说荟》本作"削"。
　　　　趄：仪鸿堂本注曰："当作鉏，鉏音徂，农人去秽除苗之器。"

一五　摩：《说荟》本作"洗"。

一六　亦：涵芬楼本作"则"。

一七　银：喻政《茶书》本作"铁"。仪鸿堂本注曰："当作铁。"

一八　柘：照旷阁本作"柳"。
　　　　之：原作"臼"，今据竟陵本改。

一九　执：《说荟》本作"且"，涵芬楼本作"外"。

二〇　其：涵芬楼本作"为"。

二一　纽：华氏本作"细"，涵芬楼本作"纫"。
　　　　钿：涵芬楼本作"絪"。

二二　育：原作"毓"，今据《艺文类聚》

卷八二改。下同。

二三 乞：西塔寺本作"迄"。

二四 筴：竟陵本作"夹"。下同。

二五 次：《唐宋丛书》本作"上"。吴觉农《茶经述评》称"据下文看，应为'上'字"。

二六 泽：原作"择"。

简：原作"拣"，今据《艺文类聚》卷八二改。

二七 升：竟陵本作"斤"，陆氏本作"勋"。按：《茶经》中并无以"斤"作为容量量度者。

二八 白红：涵芬楼本作"红白"。

二九 悉：《四库》本作"皆"。

三〇 纸帊：原脱，按《茶经》行文款式，附属器皆以小字列于主器之后，据补。

三一 帊：涵芬楼本作"幅"。

三二 处：仪鸿堂本作"受"。

三三 或：原作"法"，今据竟陵本改。

三四 具列：原作"其到"，今据竟陵本改。

三五 设：涵芬楼本作"没"。

注释

1　以上是茶器的目录，注文是该茶器的附属器物。按：此处底本所列茶器共二十一种（加上附属器二种共有二十三种），以下正文所列二十五种（加上附属器四种共有二十九种），皆与《九之略》中"但城邑之中，王公之门，二十四器阙一，则茶废矣"之数目"二十四"不符。文中有"以则置合中"，或许是陆羽将罗合与则计为一器，则是正文为二十四器了。又按：《茶经》中所列茶器的实际器物数当为三十种，即罗合实为罗与合两种器物。

2　**杇墁（wū màn）**：涂抹墙壁，此处指涂抹风炉内壁的泥粉。杇：粉刷，涂饰。墁，墙壁上的涂饰。

3　**古文**：上古之文字，如金文、古籀文和篆文等。

4　**坎上巽（xùn）下离于中**：坎、巽、离均为《周易》的卦名。坎的卦形为"☵"，象水；巽的卦形为"☴"，象风象木；离的卦形为"☲"，象火象电。煮茶时，坎水在上部的锅中，巽风从炉底之下进入助火之燃，离火在炉中燃烧。

5　**五行**：指水、火、木、金、土，我国古代称构成各种物质的五种元素，并以此说明宇宙万物的构成和变化。

6　**圣唐灭胡明年铸**：灭胡，一般指唐朝彻底平定了安史之乱的广德元年（763），陆羽的风炉造在此年的"明年"即764年。据此可知，《茶经》于764年之后曾经修改。

7 飙（biāo）：指风。

8 伊公：即伊挚，相传他在公元前 17 世纪初辅佐汤武王灭夏桀，建立殷商王朝，担任大尹（宰相），所以又被称为伊尹。据说他很会烹调煮羹，借之以为相。

9 墆埭（dì niè）：置于炉膛内靠底部位置的炉箅子。墆，底。埭，小山也。

10 翟（dí）：长尾的山鸡，又称雉。我国古代认为野鸡属于火禽。

11 彪：小虎，我国古代认为虎从风，属于风兽。

12 水虫：我国古代称虫、鱼、鸟、兽、人为五虫，水虫指水族，水产动物。

13 连葩（pā）、垂蔓（màn）、曲水、方文：连葩，连缀的花朵图案。葩通花。垂蔓，小草藤蔓缀成的图案。曲水，曲折回荡的水波形图案。方文，方块或几何形花纹。

14 鍜铁：鍜同锻，打铁锻造。

15 柈（pán）：同"盘"，盘子。

柎：有光滑平面、由腿或其他支撑物固定起来的像台的物件。

16 筥（jǔ）：圆形的盛物竹器。

17 楦（xuàn）：制鞋帽所用的模型，这里指筥形的木架子。

18 六出：花开六瓣及雪花结晶成六角形都叫六出，这里指用竹条编织出六角形的洞眼。

19 利箧（qiè）：竹箱子。"利"当为"箹"，一种小竹。箧，长而扁的竹箱笼。

20 铄（shuò）：美也，销也，磨削平整以美化。

21 炭楇（zhuā）：碎炭用的锤式器具。

22 锐上丰中：指铁楇上端细小，中间粗大。

23 镊（zhǎn）：炭楇上灯盘形的饰物。

24 河陇：河指唐陇右道河州，在今甘肃临夏附近。陇指唐陇关内道陇州，在今陕西宝鸡陇县。

木吾（yù）：防御用的木棒。晋崔豹《古今注》卷上载，汉代御史、校尉、郡中都尉、县长之类官员皆用木吾夹车。吾，通"御"，防御。

25 筯（zhù）：火筷子，火钳。筯，同"箸"，筷子，用来夹物的食具。

26 无葱台勾锁之属：指火筴头无装饰。

27 鬴（fǔ）：同"釜"，相当于锅。

28 急铁：指前文所言的生铁。

29 耕刀之趄（qiè）：用坏了不能再使用的犁头。耕刀，犁头。趄，本意倾侧、歪斜，这里引申为残破、缺损。

30 内摸土而外摸沙：制鍑的内模用土制作，外模用沙制作。

31 以正令也：使之端正。

32 广其缘，以务远也：鍑顶部的口沿要宽一些，可以将火的热力向全鍑引伸，使水沸腾时有足够的空间。

33 长其脐，以守中也：鍑底部要略突出一些，以使火力能够集中。

34 脐长，则沸中：鍑底脐部略突出，则煮开水时就可以集中在锅中心位置沸腾。

35 洪州：唐江南道、江南西道属州，

即今江西南昌，历来出产褐色名瓷。天宝二年（734），韦坚凿广运潭，献南方诸物产，豫章郡（洪州天宝间改称）船所载即"名瓷，酒器，茶釜、茶铛、茶椀"等（《旧唐书》卷一〇五），在长安望春楼下供玄宗及百官观赏。

36 莱州：汉代东莱郡，隋改莱州，唐沿之，治所在今山东莱州，唐时的辖境相当于今山东莱州、即墨、莱阳、平度、莱西、海阳等地。《新唐书·地理志》载莱州贡石器。

37 而卒归于银也：最终还是用银制作镀好。

38 交床：即胡床，一种可折叠的轻便坐具，也叫交椅、绳床。

39 剜（wān）：刻，挖。

40 筱（xiǎo）：小竹。

41 津润于火，假其香洁以益茶味：小青竹在火上烤炙，表面就会渗出竹液和香气，陆羽认为以竹夹夹茶烤炙时烤出的竹液清香纯洁，有助于茶香。

42 剡（shàn）藤纸：剡溪所产以藤为原料制作的纸，唐代为贡品。按：剡溪在今浙江嵊州。

43 拂末：拂扫归拢茶末的用具。

44 柘（zhè）：木名，桑科。落叶灌木或小乔木，叶子卵形或椭圆形，头状花序，果实球形。叶可喂蚕，木质密致坚韧，是贵重的木料，木汁能染赤黄色。

45 堕：碾轮，碾磙子。

46 辐（fú）：车轮中凑集于中心毂（gǔ）上的直木。

轴（zhóu）：贯于毂中持轮旋转的圆柱形长杆。

47 执：手握处。

48 罗合：竹制茶筛与茶盒。

49 衣：以衣布蒙覆在器物表面。

50 海贝：海中有壳软体动物的总称。其壳古代曾用作货币。

蛎蛤：软体动物，生活在浅海泥沙中。壳卵圆形、三角形或长椭圆形，肉可食，味鲜美。

51 匕：食器，曲柄浅斗，状如今之羹匙、汤勺。古代也用作量药的器具。

策：竹片、木片。

52 方寸匕：唐孙思邈《备急千金要方》卷一："方寸匕者，作匕正方一寸，抄散取不落为度。"

53 椆（chóu）木：属山毛榉科，木质坚重，遇寒不凋。

楸（qiū）：木名。属紫葳科，落叶乔木，叶子三角状卵形或长椭圆形，花冠白色，有紫色斑点，木材质地细密。可供建筑、造船等用。

梓（zǐ）：木名。属紫葳科，落叶乔木，叶子对生或三枚轮生，花黄白色。木质优良，轻软，耐朽，供建筑及制家具、乐器等用。

54 漉（lù）：过滤，渗。

55 苔秽腥涩：熟铜易氧化，其氧化物呈绿色，像苔藓，显得很脏，实际有毒，对人体有害。铁亦易氧化，氧化物呈紫红色，闻之有腥气，尝之有涩味，对人体也有害。

56 缣（jiān）：双丝织的浅黄色细绢。

57 纽翠钿（tián）：纽缀上翠钿以为装饰。翠钿，用翠玉制成的首饰或装饰物。

58 绿油囊：绿油绢做的袋子。油绢是有防水功能的绢绸。

59 牺杓（suō sháo）：瓢的别称。牺，古代一种有雕饰的酒尊。《诗经·鲁颂·閟宫》朱熹《集传》："牺尊，画牛于尊腹也。或曰，尊作牛形，凿其背以受酒也。"汉淮南王刘安《淮南子》卷二："百围之木斩而为牺尊，镂之以剞劂，杂之以青黄华藻，铸鲜龙蛇虎豹曲成文章。"杓，杓子。

60 瓠（hù）：蔬类植物，也叫扁浦、葫芦。

61 杜育《荈赋》云：杜育（265—316），字方叔，河南襄城人，西晋时人，官至中书舍人。事迹散见于《晋书》相关人物列传中。《荈赋》，杜育撰，原文已佚，现可从《艺文类聚》《太平御览》《北堂书钞》等书中辑出二十余句，已非全文。

62 匏（páo）：葫芦之属。

63 永嘉：晋怀帝年号，307—313 年。

64 余姚：即今浙江余姚。秦置，隋废，唐武德四年（621）复置，为姚州治，武德七年（624）之后属越州。

65 丹丘：神话中的神仙所居之地，昼夜长明。屈原《远游》："仍羽人于丹丘兮，留不死之旧乡。"后来道家以丹丘子指来自丹丘仙乡的仙人。

66 瓯牺（ōu suō）：杯杓。此处指喝茶用的杯杓。瓯，杯、碗之类的饮具。

67 遗（wèi）：给予，馈赠。

68 笑（jiā）：箸也，夹取东西的用具。

69 鹾簋（cuó guǐ）：盛盐的容器。鹾，味浓的盐。簋，古代椭圆形盛物用的器具。

揭：竹片做的取盐用具。

70 罍（léi）：酒樽，其上饰以云雷纹，形似大壶。

71 策：古代用以记事的竹、木片，编在一起的叫"策"。此处指取盐用的片状工具。

72 越州：治所在会稽（今浙江绍兴），辖境相当于今浦阳江、曹娥江流域及余姚市地。越州在唐、五代、宋时以产秘色瓷器著名，瓷体透明，是青瓷中的绝品。此处越州即指所在的越州窑，以下各州也均是指位于各州的瓷窑。

73 鼎州：唐曾经有二鼎州，一在湖南，辖境相当于今湖南常德、汉寿、沅江、桃源等市县一带；二在今陕西泾阳、醴泉、三原、云阳一带。

74 婺州：唐天宝间称东阳郡，州治今金华，辖境相当于今浙江金华江、武义江流域各县。

75 岳州：唐天宝间称巴陵郡，州治今岳阳，辖境相当于今湖南洞庭湖东、南、北沿岸各县。岳窑在湘阴县，生产青瓷。

76 寿州：唐天宝间称寿春郡，在今安徽寿县一带。寿州窑主要在霍丘，生产黄褐色瓷。

77 邢州：唐天宝间称巨鹿郡，相当于今河北巨鹿、广宗以西，泜河以南，沙河以北地区。唐宋时期邢窑烧制瓷器，白瓷尤为佳品。邢窑主要在内丘县，唐李肇《唐国史补》卷下称："凡货贿之物，侈于用者，不可胜纪……内丘白瓷瓯，端溪紫石砚，天下无贵贱，通用之。"其器天下通用，是唐代北方诸窑的代表窑，定为贡品。按：陆羽对邢瓷等与越瓷的比较性评议曾遭非议，范文澜在《中国通史》第三编第 258 页评论道：陆羽按照瓷色与茶色是否相配来定各窑优劣，说邢瓷白盛茶呈红色，越瓷青盛茶呈绿色，因而断定邢不如越，甚至取消邢窑，不入诸州品内。又因洪州瓷褐色盛茶呈黑色，定为最品。瓷器应凭质量定优劣，陆羽以瓷色为主要标准，只能算是饮茶人的一种偏见。对此，周靖民在对《茶经》的校注中已有评论："因为唐代主要是饮用蒸青饼茶，除要求香气高、滋味浓厚外，还要求汤色绿，在陆羽前后的诗人所作诗歌中都赞美绿色茶汤，如李泌、白居易、秦韬玉、陆龟蒙、郑谷等。陆羽是从审评的观点喜爱青瓷，其他瓷色衬托的茶汤容易产生错觉，这是茶人的需要，不是'茶人的偏见'。"（张哲永、陈金林、顾炳权主编：《中国茶酒辞典》，湖南出版社，1991 年，第 592 页）

78 **畚**（běn）：用蒲草或竹篾编织的盛物器具。

纸帊（pà）：茶碗的纸套子。帛二幅或三幅为帊，亦作衣服解。

79 **白蒲**：莎草科。白色的蒲苇。

80 **剡**（shàn）**纸**：纸名。因用剡地所产藤、竹制造，故名。剡，古县名，在今浙江嵊州西南。

81 **绳**：析植物皮搓捻成线。

栟榈（bīng lǘ）：木名。即棕榈。

茱萸：植物名。属芸香科。香气辛烈，可入药。古俗农历九月九日重阳节，佩茱萸能祛邪避恶。

82 **絁**（shī）：粗绸，似布。

83 **床**：安放器物的支架、几案等。

84 **扃**（jiōng）：从外关闭门箱窗柜上的插关。

85 **经**：织物的纵线。

风炉（灰承）	筥	炭檛	火筴	鍑
交床	夹	纸囊	碾（拂末）	罗合
则	水方	漉水囊	瓢	竹筴
鹾簋（揭）	熟盂	碗	畚（纸帊）	札
涤方	滓方	巾	具列	都篮

风炉（灰承）

　　风炉，用铜或铁铸成，形状像古鼎，壁厚三分，炉口边缘宽九分，向炉腔内空出六分，抹满泥土。炉有三足，上面用上古文字字体写有二十一个字。一足上写"坎上巽下离于中"，一足上写"体均五行去百疾"，一足上写"圣唐灭胡明年铸"。在三足之间开三个窗口。炉底部一个洞口，用来通风漏灰。三个窗口上书写六个古体文字，一个窗口上写"伊公"二字，一个窗口上写"羹陆"二字，一个窗口上写"氏茶"二字，连起来就是"伊公羹，陆氏茶"。炉腔内设置放燃料的炉箅子，分为三格：一格上有翟，翟是火禽，刻画一个离卦；一格上有彪，彪是风兽，刻画一巽卦；一格上有鱼，鱼是水虫，刻画一坎卦。"巽"表示风，"离"表示火，"坎"表示水。风能使火烧旺，火能把水煮开，所以要有这三个卦。炉身用花卉、藤草、流水、方形花纹等图案来装饰。风炉也有打铁锻造的，也有揉泥做的。灰承（接灰的台盘），是有三只脚的铁盘，用来承接炉灰。

筥

筥，用竹子编制，高一尺二寸，直径七寸。或者用藤在像筥形的木架子上编织而成，编织时要编出六角形的洞眼。筥的底和盖就像竹箱子的口部，磨削光滑。

炭挝

炭挝，用六棱形的铁棒制作，长一尺，头部尖，中间粗，在握把细的那头拴上一个小锯作为装饰，就像现在河州陇州地区的军人所使用的木棒。有的也做成锤形，或者做成斧形，各随其便。

火筴

火筴，又叫筯，和平常用的一样。形状圆而直，长

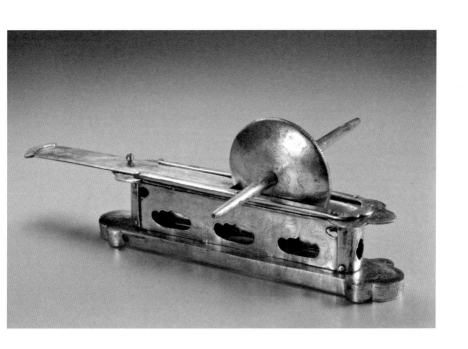

左页上图：鎏金飞鸿球路纹银笼子，唐，银，口径16.2厘米，高17.53厘米，重654克，陕西法门寺博物馆藏

左页下图：鎏金飞天仙鹤纹银茶罗子，唐，银，长13.45厘米，高9.8厘米，重1472克，陕西法门寺博物馆藏

上图：鎏金鸿雁纹银茶槽子、鎏金团花银碢轴、碾茶器，唐，银，茶槽子长25.5厘米，宽3.4厘米，高7.1厘米，重1168克，陕西法门寺博物馆藏

一尺三寸，顶端平齐，没有葱台勾锁之类的装饰，用铁或熟铜制作。

鍑（音辅，或作釜，或作鬴）

鍑，用生铁制作。生铁是现在炼铁人所说的"急铁"。将用坏了的铁质农具炼铸成铁，以之制造茶锅。铸锅时，内模用土质，外模用沙质。土质内模，使锅内壁光滑，容易擦洗；沙质外模使锅外壁粗糙，容易吸收火焰热量。锅耳做成方形，能让锅放置端正。锅口缘要宽，使火焰能够伸展。锅底中心（脐）要突出些，使火力能够集中在锅底。锅底脐部略突出，水就会在锅中心沸腾；水在中心沸腾，茶末就容易沸扬；茶末易于沸扬，茶汤的滋味就淳美。洪州用瓷做锅，莱州用石做锅。瓷锅和石锅都雅致好看，但不坚固，很难长期使用。用银做锅，非常清洁，但未免涉及奢侈华丽。雅致固然雅致，清洁固然清洁，但从经久耐用的角度来说，终归还是用银制的好。

交床

交床，用十字交叉的木架，将搁板的中间挖空，用来放置茶锅。

夹

夹，用小青竹制成，长一尺二寸。选一头一寸处有竹节的，自节以上剖开，用来夹着茶饼烤炙。这样的小青竹在火上烤炙时表面会渗出清香纯洁的竹液和香气，能够增加茶的香味。但若不在山林间炙茶，恐怕难以弄到这种小青竹。也有用精铁或熟铜之类的材料来制作茶夹，取其经久耐用。

纸囊

纸囊，以两层又白又厚的剡藤纸缝制而成。用来贮放烤好的茶，使香气不致散失。

碾（拂末）

茶碾，用橘木制做，其次用梨木、桑木、桐木、柘木制作。碾内圆外方，内圆便于运转，外方能防止倾倒。碾槽内放碾轮，不留空隙。堕是木碾轮，形状像车轮，只是没有车辐，中心直接安轴。轴长九寸，宽一寸七分。碾轮直径三寸八分，中间厚一寸，边缘厚半寸。轴中间是方的，手握处是圆的。拂末，用鸟的羽毛制作。

罗合

用茶罗筛好茶末，放在盒中盖好存放，把量具"则"放在盒中。茶罗，用大竹剖开弯曲成圆形，罗底蒙上纱绢。盒用竹子有节的部分制作，或用杉木片弯曲成圆形油漆而成。盒高三寸，盖高一寸，底盒二寸，直径四寸。

则

则，用蛤蜊之类的海贝贝壳，或者用铜、铁、竹做的匕、策之类。则是计量的标准、依据。一般说来，煮一升的水，用一寸正方匙匕量的茶末。如果喜欢淡茶，就减少茶末用量；喜欢浓茶，就增加茶末用量，所以称之为"则"。

水方

水方，用椆、槐、楸、梓等木料制作，里面和外面的缝都加涂油漆，容量一斗。

漉水囊

漉水囊，同常用的一样，它的圈架用生铜铸造，生铜被水打湿后不会产生污垢而使水有腥涩味道，因为用熟铜易生铜绿污垢，用铁易生铁锈会使水味腥涩。在林谷间隐居的人，也有用竹或木制作的。但竹木制品都不耐久用，又不便携带远行，所以用生铜制作。滤水的袋子，用青篾丝编织成圆筒形，再裁剪碧绿的丝绢缝制，纽缀上翠钿做装饰。再用防水的绿油绢做一只袋子贮放漉水囊。漉水囊圆径五寸，柄长一寸五分。

瓢

瓢，又叫牺杓。把瓠瓜（葫芦）剖开制成，或是用木头凿刻而成。晋中书舍人杜育《荈赋》说："酌之以匏。"匏，就是葫芦瓢，口阔、瓢身薄、柄短。晋永嘉年间，余姚人虞洪到瀑布山采茶，遇见一位道士，对他说："我是丹丘子，哪天你的杯杓中有多余的茶，希望能送点给我喝。"牺，就是木杓。现在常用的木杓多以梨木制成。

竹筴

竹筴，有用桃木、柳木、蒲葵木做的，也有用柿心木制成。长一尺，用银包裹两头。

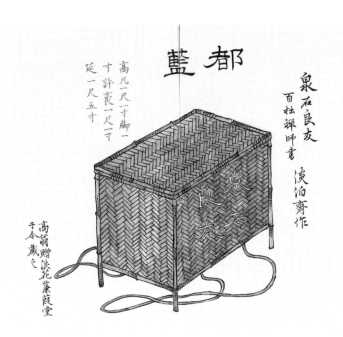

都藍

高凡一尺一寸脚一寸許袤一尺一寸延一尺五寸

泉石良友
百拙禪師書 淡泊齋作

高翁贈浪花薫葭堂于今藏之

上图：都篮，19 世纪中期，[日] 木村孔阳编《卖茶翁茶器图》

右页图：铜炉、具列、瓢，19 世纪中期，[日] 木村孔阳编《卖茶翁茶器图》

084

銅爐

可長製

徑五寸五分 高四寸二分

具列

柱高一尺五寸 中一尺

七寸

蒹葭堂藏

瓢杓

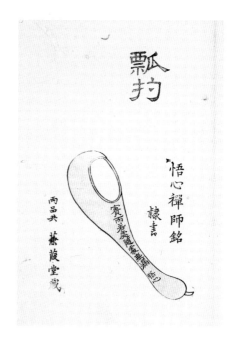

悟心禪師銘 隸書

寬而著廉隨機應用

兩品共 蒹葭堂藏

鹾簋（揭）

鹾簋，用瓷制作。圆径四寸，一般是盒形，也有作瓶形、壶形，盛贮盐花用。揭，用竹制成，长四寸一分，宽九分。揭，是取盐用的片状工具。

熟盂

熟盂，用来盛贮开水，或瓷制，或陶制，容量二升。

碗

碗，越州产的最好，鼎州、婺州、岳州次好，寿州、洪州的次些。有人认为邢州产的比越州的好，完全不是这样。如果说邢瓷像银，越瓷就像玉，这是邢瓷不如越瓷的第一点；如果说邢瓷像雪，越瓷就像冰，这是邢瓷不如越瓷的第二点；邢瓷白，使茶汤呈红色，越瓷青，使茶汤呈绿色，这是邢瓷不如越瓷的第三点。晋代杜育《荈赋》说的"器择陶拣，出自东瓯"，意思是挑拣陶瓷器皿，好的出自东瓯。瓯作为地名，就是越州。瓯也是器物名，越州窑的最好，口唇不卷边，碗底浅而稍卷边，容量不到半升。越州瓷、岳州瓷都是青色，青色能增益茶的汤色。一般茶汤为白红色，邢州瓷白，使茶汤色红；

寿州瓷黄，使茶汤色紫；洪州瓷褐，使茶汤色黑，都不适宜用来盛茶。

畚（纸帊）

畚，草笼，用白蒲草编成圆筒形，可贮放十只碗。也有用竹篓当作畚用的。纸帊，用两层剡纸，夹缝成方形，也可以贮放十只碗。

札

札，将棕榈皮分拆搓捻成线，用茱萸木夹住捆紧而成，或者截一段竹子像笔管一样绑束而成，形状像支大毛笔的样子。

涤方

涤方，盛放洗涤后的水，用楸木制成盒状，制法和水方一样，容量八升。

滓方

滓方，用来盛放各种渣滓，制法如涤方，容量五升。

巾

巾，用粗绸制作，长二尺，做两块，交替使用，以清洁各种茶具。

具列

具列，做成床形或架形，或纯用木制，或纯用竹制，也可木竹兼用，漆成黄黑色，有门可关。长三尺，宽二尺，高六寸。其所以名为具列，是因为可以贮放陈列各种器物。

都篮

都篮，因能装下所有器具而得名。用竹篾编成，里面编成三角形或方形的眼，外面用两道宽篾作经线，用一道细篾作纬线，交替编压住作经线的两道宽篾，编成方眼，使它精巧玲珑。都篮高一尺五寸，底宽一尺，高二寸，长二尺四寸，宽二尺。

《备茶图》，画面宽 1.81 米，高 1.52 米，河北宣化辽代张匡正墓室壁画

点评

　　本章详细介绍了全套茶具二十四组共计二十九种器具的尺寸、材质、功能以至装饰图案，包括生火、煮茶、烤碾罗取茶、盛取盐、盛取水、饮用、清洁和陈设八大方面，大者厚重如风炉，小者轻微如拂末、纸囊，无一不备。

　　设计成套茶具"二十四器"专门用于饮茶，是陆羽的首创。专门茶具的出现，是茶文化成熟与独立的标志之一。茶道艺与完整成套的茶器具密不可分，因为它们正是"茶道大行"的载体，完整的煮饮茶程式，凭借成套茶具而行。而其所以能称为茶道者，尚有陆羽对于茶及社会政治文化相关的一些理念，这些理念，陆羽以简洁的文字与图形卦象等，镌刻在了茶具之上。

　　风炉，是二十四器中的重器，在陆羽自己所设计的风炉上，集中镌刻了陆羽的一些思想理念。一是匡时济世的思想。在炉身三个风窗上刻六字成二句："伊公羹，陆氏茶"，直言陆羽对于茶、对于《茶经》所寄予的厚望。商汤武王时，伊尹操俎负鼎煮羹理政而为名相，陆羽以自己所煮之茶与伊尹治理国家所煮之羹对称而言，表明他自己希望茶可以凭借《茶经》跻入时世政治从而有助于匡时济世的向往与抱负。在与耿㳠的《连句多暇赠陆三山人》诗中，被耿㳠称赞"一生为墨客，几世作茶仙"时，陆羽曾吟出如下两句诗："喜是攀阑者，惭非负鼎贤"，再度表明他有伊公负鼎的政治理想。二是社会和平的理想。在风炉的三足上，分别刻写了三句文字，其中一足之上刻写"圣唐灭胡明年铸"，"圣唐灭胡"指唐朝彻底平定安史之乱。唐玄宗天宝十四载（755），安禄山叛，安史之乱爆发。唐廷依靠郭子仪、李光弼等九节度使的统兵以及向回纥借兵，于广德元年（763）彻底平定历时近八年的安史之乱。陆羽在自己设计的风炉上对于唐朝彻底平定安史之乱历史事件大书特书，表明他对社会和平的向往。过去一百多年的中国历史，也印证了陆羽的理想，只有在和平的年代，和平的社会，才能有讲求茶道的茶。三是和谐健体的思想。风炉一足之上书"体均五行去百疾"，五行学说认为世界万物都是由金、木、水、火、土五种基本元素构成的，在不同的事物上有不同的表现。五行之间相生相克，形成各种自然和人生现象。五行在人体中对应着五脏：肝、心、脾、肺、肾，如果人体的五行均衡协调，人就不会生任何疾病。表明陆羽通过茶对自然和谐、养身健体的追求。风炉另一足之上书刻"坎上巽下离于中"，风炉内的㙮墈分三格，分别刻画坎、巽、离三卦，又涉及八卦理论，它

《品茶图》，[元] 钱选（传），绢本设色，立轴，纵 32.2 厘米，横 63.4 厘米，
日本大阪市立美术馆藏

是比五行理论更为繁复的表现和演变人生与自然现象的理论。因为三卦在风炉煮水时相生相成，所以陆羽是在相生相成均衡和谐的层面上运用五行八卦理论，以期为茶，为人，求得均衡与健康。

在茶具的取材上，陆羽多次表现了他的自然主义的观照，如多用木、竹、铁制作茶具等，可以给现代人的启示是：对器具的过度追求，是不必要的，它们或者会损害茶味品质甚至人体健康，或者会伤及事茶之人的"精行俭德"。

在各种适宜的器具上，陆羽都不忘记给以适当的装饰，如在风炉上饰以"连葩、垂蔓、曲水、方文之类"，在炭檛"执细头系一小辗以饰檛"，等等。这些美学的观照，似乎是一种本能，表现了陆羽对于茶，乃至对于生活的热爱。

本章还特别讲求茶具与茶汤的相互协调映衬，陆羽通过对茶碗的具体论述表达出来的对于器具与茶汤效果的协调与互相映衬的观念，可以说是择器的根本原则，对于择器配茶、茶席茶会设计等，至今仍有指导意义。

茶经卷

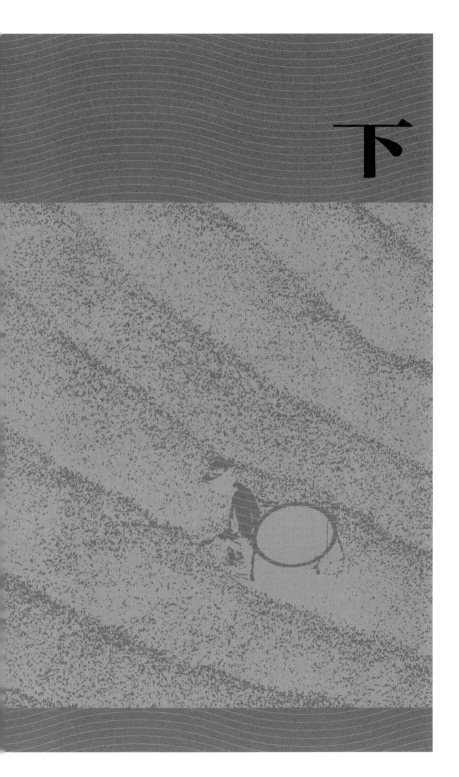

下

五之煮

凡炙茶，慎勿于风烬间炙，㶑[1]焰如钻，使炎凉不均。持以逼火，屡其翻正，候炮（普教^反）出培塿[2]，状虾蟆背，然后去火五寸。卷而舒，则本其始又炙之。若火干者，以气熟止；日干者，以柔止。

其始，若茶之至嫩者，蒸^罢热捣，叶烂而牙笋存焉。假以力者，持千钧杵亦不之烂。如漆科珠[3]，壮士接之，不能驻[4]其指。及就，则似无穰[5]骨也^三。炙之，则其节若倪倪[6]，如婴儿之臂耳。既而承热用纸囊贮之，精华之气无所散越[7]，候寒末之。（末之上者，其屑如细米。末之下者，其屑如菱角。）

其火用炭，次用劲薪。（谓桑、槐、桐、枥[8]之类也。）其炭，曾经燔[9]炙，为膻腻所及，及膏木[10]、败器不用之。（膏木为柏、桂、桧也^四[11]，败器谓朽[12]废器也^五。）古人有劳薪之味[13]，信哉。

其水，用山水上^六，江水次^七，井水下。（《荈赋》所谓："水则岷方^八之注[14]，挹^九[15]彼清流。"）其山水，拣乳泉[16]、石池慢流者上^一〇；其瀑涌湍漱[17]，勿食之，久食令人有颈疾。又多别^一一流于山谷者，澄浸不泄[18]，自火天至霜郊[19]

以前^{一二}，或^{一三}潜龙²⁰蓄毒于其间，饮者可决之，以流其恶，使新泉涓涓然，酌之。其江水取去人远者，井^{一四}取汲多者。

其沸如鱼目²¹，微有声，为一沸。缘边如涌泉连珠，为二沸。腾波鼓浪，为三沸。已上水老，不可食也。初沸，则水合量调之以盐味²²，谓弃其啜余²³。（啜，尝也，市税反，又市悦反。）无乃䴬𥁕²⁴而钟其一味乎。（上^{一五}古暂反，下吐滥反^{一六}。无味也。）第二沸出水一^{一七}瓢，以竹筴^{一八}环激汤心，则²⁵量^{一九}末当中心而下。有顷，势若奔涛溅沫，以所出水止之，而育其华²⁶也。

凡酌，置诸碗，令沫饽²⁷均^{二〇}。（字书²⁸并《本草》：饽^{二一}，茗沫也。蒲笏反^{二二}。）沫饽，汤之华也。华之薄者曰沫，厚者曰饽。细轻者曰花，如枣花漂漂然于环池之上；又如回潭曲渚青萍之始生²⁹；又如晴天爽朗有浮云鳞然。其沫者，若绿钱³⁰浮于水渭^{二三}，又如菊英堕于鐏^{二四}俎之中³¹。饽者，以滓煮之，及沸，则重华累沫，皤皤³²然若积雪耳。《荈赋》所谓"焕如积雪，烨若春薮^{二五33}"，有之。

第一煮水沸，而弃^{二六}其沫，之上有水膜，如黑云母³⁴，饮之则其味不正。其第一者为隽永，（徐县、全县二反。至美者曰^{二七}隽永。隽，味也；永，长也。味^{二八}长曰隽永。《汉书》：蒯通著《隽永》二十篇也³⁵。）或留熟盂^{二九}以贮之³⁶，以备育华救沸之用。诸第一与第二、第三碗次之^{三〇}。第四、第五碗外，非渴甚莫之饮。凡煮水一升，酌分五碗³⁷。（碗数少至三，多至五。若人多至十，加两炉。）乘热连饮之，以重浊凝其下，精英浮其上。如冷，则精英随气而竭，饮啜不消亦然矣。

茶性俭，不宜广，广^{三一}则其味黯澹³⁸。且如一满碗，啜半而味寡，况其广乎！其色缃³⁹也，其馨欸^{三二 40}也。（香至美曰欸，欸音使。）其味甘，槚⁴¹也；不甘而苦，荈⁴²也；啜苦咽甘，茶也。（《本草》^{三三}云：其味苦而不甘，槚也；甘而不苦，荈也。）

校记

一　教：仪鸿堂本作"救"。

二　蒸：原本漫漶，后人描为"茶"，陶氏本即作"茶"，今据日本本作"蒸"。

三　穰：原本漫漶不清，后人描为"襕"，华氏本作"襕"，今据日本本作"穰"。

　　骨：原本漫漶，后人描为"滑"，今据日本本作"骨"。

四　膏木为柏、桂、桧也：原本漫漶，后人描为"膏本为柏、杜、桧如"，今据华氏本改。"为"，日本本作"谓"。"桂"，日本本作"桎"。"桧"，仪鸿堂本作"槐"。

五　谓：《欣赏》本作"为"。

　　杇：秋水斋本作"朽"。

　　器：原作"嘷"，今据竟陵本改。

六　用山水上：《说荟》本作"用山水，山水上"。

七　次：原本漫漶，后人描为"中"，今据日本本作"次"。按：北宋欧阳修《大明水记》、南宋宁宗时潘自牧《记纂渊海》引录《茶经》皆作"江水次"。

八　方：仪鸿堂本作"山"。

九　挹：原作"揖"，今据《艺文类聚》卷八二改。

一〇　池：原本漫漶，后人描为"地"，陶氏本亦作"地"，今据日本本作"池"。

　　　慢流：涵芬楼本作"出"。

一一　多别：涵芬楼本作"水"。

一二　火天：涵芬楼本作"大火"。

　　　郊：涵芬楼本作"降"。

一三 或：原本漫漶，后人描为"惑"，今据日本本作"或"。

一四 井：四库本作"井水"。

一五 上：秋水斋本作"醩"。

一六 下：秋水斋本作"醨"。

吐：益王涵素本作"味"。

一七 一：《说荟》本为"二"。

一八 筴：西塔寺本为"夹"。

一九 量：涵芬楼本为"煎"。

二〇 沫：仪鸿堂本作"末"。

饽：涵芬楼本作"醇"，下同。

二一 饽：原作"饽均"，今据《长编》本改。按："均"字当为衍文。益王涵素本"均"字作"训"。

二二 蒲笏反：《长编》本作"饽，蒲笏反"。

二三 湄：《说荟》本作"湄"，涵芬楼本作"滨"。

二四 鐏：秋水斋本作"镈"，宜和堂本作"镈"，《欣赏》本作"樽"，照旷阁本作"尊"。

二五 烨：《艺文类聚》作"晔"。

薮：同上书作"敷"。

二六 而弃：涵芬楼本作"突"。

二七 曰：原作"西"，今据竟陵本改。

二八 味：原作"史"，诸本悉同，于义欠通。此为上二句结语，依其句式当作"味"字，"史"乃"味"之残，因改。

二九 盂：原脱，诸本悉同，"熟盂"为贮热水之专门器具，据补。

三〇 次之：涵芬楼本作"次第之"。

三一 广：原脱，今据王圻《稗史汇编》本补。

三二 歆：陶氏本作"歠"。下同。

三三 《本草》：原作"一本"，今据竹素园本改。

103

注释

1　熛（biāo）：迸飞的火焰。

2　炮（páo）：用火烘烤。

　　培塿（lǒu）：小山或小土堆。

3　漆：涂漆。

　　科：同"颗"，颗粒。

4　驻：停留，拿住。

5　穰（ráng）：泛指黍稷稻麦等植物的茎秆。

6　倪倪：弱小的样子。

7　越：飘散，散失。

8　枥（lì）：同"栎"。树名。山毛榉科，落叶乔木。木材坚实，古代多作炭薪。

9　燔（fán）：火烧，烤炙。

10　膏木：有油脂的树木。

11　柏：柏科植物的通称。常绿乔木或灌木。叶小，鳞片形。果实卵形或圆球形。性耐寒，经冬不凋。木质坚硬，纹理致密，可供建筑、造船等用。

　　桂：木名。肉桂，樟科，常绿乔木。叶子长椭圆形，有三条叶脉。果实椭圆形，紫红色。树皮含挥发油，极香，可作香料或入药。

　　桧（guì）：木名。柏科，常绿乔木。茎直立，幼树的叶子像针，大树的叶子像鳞片，雌雄异株，春天开花。木材桃红色，有香味，细致坚实。寿命可长达数百年。

12　圬（wū）：粉刷，涂抹。

13　劳薪之味：指用陈旧或其他不适宜的木柴烧煮致使味道受影响的食物，典出《世说新语·术解》："荀勖尝在晋武帝坐上食笋进饭，谓在坐人曰：'此是劳薪炊也。'坐者未之信，密遣问之，实用故车脚。"《晋书》卷三九亦载有此事。

14 岷方之注：岷江流淌的清水。

15 挹（yì）：同"挹"，汲取。

16 乳泉：从石钟乳滴下的水，富含矿物质。

17 瀑（bào）涌湍（tuān）漱：山泉汹涌翻腾冲击。瀑，水飞溅。湍，水势急而旋。

18 澄（chéng）：清澈而不流动。
浸：泛指河泽湖泊。

19 火天至霜郊：指公历 6 月至 10 月霜降以前的这段时间。火天，热天，夏天，五行火主夏，故称。霜郊，疑为霜降之误。霜降，节气名，公历 10 月 23 日或 24 日。

20 潜龙：潜居于水中的龙蛇，蓄毒于水内。实际应是停滞不泄的积水孳生了细菌和微生物，并且积存有动植物腐败物，经微生物的分解，产生一些有害人身的可溶性物质。

21 鱼目：水初沸时水面出现的像鱼眼睛的小水泡。唐宋时也有称为虾目、蟹眼。

22 则水合量调之以盐味：估算水的多少调放适量的食盐。则，估算。

23 弃其啜余：将尝过剩下的水倒掉。

24 无乃餡䗪（gǎn dǎn）而钟其一味乎：蔡嘉德、吕维新《茶经语释》作如下解：不是因为水中无味而过分加盐，否则岂不是成了只喜欢盐这一种味道了吗？餡䗪，无味。

25 则：标准权衡器，此处指取茶用的茶则。

26 华：精华，汤花，茶汤表面的浮沫。

27 饽（bō）：茶汤表面的浮沫。

28 字书：当指其时已有的字典，如《说文》《广韵》《开元文字音义》等。

29 回潭：回旋流动的潭水。
曲渚（zhǔ）：曲曲折折的洲渚。渚，水中的小块陆地。

30 绿钱：苔藓的别称。

31 菊英：菊花，不结果的花叫英，英是花的别名。
鐏：盛酒的器皿，与尊、樽、罇诸字同。
俎（zǔ）：盛肉的器皿。

32 皤皤（pó pó）：白色。

33 烨（yè）：明亮，火盛，光辉灿烂。
蕸（fū）：花的通名。

34 黑云母：云母为一种矿物结晶体，片状，薄而脆，有光泽。因所含矿物元素不同而有多种颜色，黑云母是其中的一种。

35 蒯通著《隽永》二十篇也：语出《汉书》卷四五《蒯通传》，文曰："（蒯）通论战国时说士权变，亦自序其说，凡八十一首，号曰《隽永》。"此处所引"二十篇"当有误。

36 或留熟盂以贮之：将第一沸撇掉黑云母的水留一份在熟盂中待用。

37 凡煮水一升，酌分五碗：唐代一升约为今 600 毫升，则一碗茶之量约为 120 毫升。

38 黯澹：同"暗淡"，阴沉，昏暗。此处指茶味淡薄。

39 缃（xiāng）：浅黄色。

40 歁（sǐ）：香美。

41 槚（jiǎ）：茶的别名。

42 荈（chuǎn）：晚采的茶。亦泛指茶。

烤炙饼茶，注意不要在通风的余火上烤，因为风吹会使火苗迸飞飘忽不定，使茶饼各部分受热不均匀。烤茶时要夹着茶饼靠近火，常常翻动，等到茶饼表面被烤（炮音普教反）出像虾蟆背上的小疙瘩一样的突起时，然后离火五寸。等到卷曲突起的茶饼表面又舒展开来，再按先前的办法烤一次。如果制茶时是用火烘干的，以烤到有香气为度；如果是晒干的，以烤到柔软为好。

开始制茶的时候，对于很柔嫩的茶叶，蒸茶后乘热舂捣，叶子捣烂了，而芽头还存在。如果只用蛮力，用千斤重杵也无法将芽头捣烂。这就如同涂漆的圆珠子，轻而圆滑，力大之人反而拿不住它一样。捣好的茶叶好像一条茎梗也没有。这样的茶饼经过烤炙，就会柔软得像婴儿的手臂。烤好的茶饼要趁热用纸袋装起来，使它的香气不致散失，等冷却了再碾成末。（上等的茶末，其碎屑如细米；下等的茶末，其碎屑如菱角状。）

烤茶煮茶的燃料，最好用木炭，其次用火力强劲的木柴。（如桑、槐、桐、枥之类的木柴。）曾经烤过肉，染上了腥膻油腻气味的木炭，以及有油脂的木柴（如柏、

建盏，宋代，陶瓷，高 7.9 厘米，口径 16.5 厘米，美国大都会艺术博物馆藏

桂、桧等之类）、朽坏的木器（如曾被涂抹以及破败的木器），都不能用。古人说用不适宜的木柴烧煮食物会有怪味，所谓"劳薪之味"，确实如此。

煮茶用水，以山水为最好，其次是江河水，井水最差。（如同《荈赋》所言："水要汲取岷江流淌的清水。"）山水，最好选取甘美的泉水、石池中缓慢流动的水，急流奔涌翻腾回旋的水不要饮用，长期喝这种水会使人颈部生病。此外还有一些停蓄于山谷的水泽，水虽清澈，但不流动。从炎热的夏天到秋天霜降之前，也许有虫蛇潜伏其中，污染水质，要喝这种水，应先挖开缺口，让污秽有毒的水流走，使新的泉水涓涓而流，然后再汲取饮用。江河里的水，要到远离人烟的地方去取，井水则要从经常汲用的井中汲取。

煮水时，当水沸腾冒出像鱼眼般的水泡，有轻微的响声，就是"一沸"。锅边缘四周的水泡像连珠般涌动时，称作"二沸"。当水像波浪般翻滚奔腾时，已经是"三沸"。三沸以上的水若继续煮，水就过老不宜饮用了。水刚开始沸腾时，按照水量放入适当的盐以调味，把尝剩下的那点水泼掉。（啜是品尝的意思，音市税反，又市悦反。）切莫因为水无味而只喜欢盐这一种味道。（餡音古暂反，鹽音吐滥反，餡鹽意为无味。）第二沸时，舀出一瓢水，用竹筴在沸水中心转圈搅动，用则量取茶末从漩涡中心倒入。一会儿，锅中波涛翻滚，水沫飞溅，就

《博古图》，[南宋] 刘松年，绢本设色，立轴，纵 128.3 厘米，横 56.6 厘米，
台北故宫博物院藏

《写经换茶图》，[明] 仇英，纸本设色，长卷，纵 20.6 厘米，横 77.9 厘米，美国
克利夫兰艺术博物馆藏

把刚才舀出的水倒入，减轻水的沸腾，以保养表面生成的汤花。

将茶分盛到碗里喝时，要让"沫饽"均匀地舀分到每只碗里。（字书并《本草》说：饽是茶沫，音蒲笏反。）沫饽，就是茶汤的"汤花"。汤花薄的叫"沫"，厚的叫"饽"，细轻的叫"花"。汤花，有的像枣花在圆形的池塘上漂然浮动，有的像回环的潭水、曲折的洲渚间新生的浮萍，有的则像晴朗天空中的鳞状浮云。茶沫，好似青苔浮在水边，又如菊花飘落杯碗之中。茶饽，是烹煮茶滓沸腾后茶汤表面形成的层层汤花茶沫，白白的像积雪一般。《荈赋》中讲汤花"明亮像积雪，灿烂如春花"，确实是这样。

水刚煮开时，把水面上的水沫去掉，因为水沫上有一层像黑云母样的膜状物，饮用的话味道不好。此后，从锅里舀出的第一瓢水，味美味长，称为隽永，（隽音徐县反、全县反。最美的味道称为隽永。隽，味也；永，长也。味长就是隽永。《汉书》中说蒯通著《隽永》二十篇。）通常贮放在熟盂里，以备减轻沸腾、养育汤华时用。以下第一、第二、第三碗的水，味道略差些。第四、第五碗以后的，要不是渴得太厉害，就不要喝了。一般煮水一升，分作五碗。（碗数最少三碗，最多五碗。如果饮茶人多到十个，就加煮两炉。）喝茶要趁热连着喝完，因为重浊不清的物质凝聚在下，精华漂浮在上。如果茶冷了，精华就会随热气散失消竭，即使连着喝也是一样的。

　　茶性俭约，水不宜多，水多就味道淡薄。就像一满碗茶，喝到一半味道就觉得淡了些，更何况水加多了呢！茶汤的颜色浅黄，味道香美。（最香美的味道称为歧，歧音使。）味道甘甜的是槚，不甜而苦的是荈，入口时苦咽下味甘的是茶。（《本草》说：味道苦而不甜的是槚，甜而不苦的是荈。）

点评

本章较为系统介绍了唐代末茶完整的煮饮程式：炙茶→碾（罗）茶→炭火→择水→煮水→加盐加茶粉煮茶→育汤花→分茶入碗→趁热饮茶。

陆羽对炙茶程序着墨甚多，从对烤炙好的茶要趁热用纸囊贮藏，使"精华之气无所散越"的要求来看，炙茶这一程序对将饮之茶有着焙香的作用。不过很可惜，这一程序在宋代蔡襄《茶录》之后，被认为只有在饮用陈茶时才需在碾茶前烤炙，因而在宋代的团饼茶饮用程序上实际取消了这一步骤。

对于煮茶所用燃料，陆羽论之甚详，要之以火力强劲和不能损害茶味为重。最为要用者是炭，其次是用火力强劲的木材。因为炭火火力通彻，又没有火焰，没有火焰就不会有烟，就不会有烟气侵损茶味。在烹饪过程中使用过的、已经沾染了荤膻油腻气味的炭材，以及有油脂的树木，陈旧家具、工具的废弃木材等，看起来虽然不浪费，但都不可用于煮茶，因为这些材料都会污染茶水之味。

洋彩泛舟煮茶图瓶，[清] 乾隆时期，陶瓷，高 24.6 厘米，口径 8.1 厘米，台北故宫博物院藏

关于煮茶之水，陆羽认为山水、江水、井水，只要所取适宜，都为可用，而以山水为上。当然山水也有很多种，陆羽仔细分析了各种条件下的山水情况，并指导如何取用。江水取离人类活动远的地方的，这样人类活动不致污染江水。井水要用使用多的井里的，这种井里的水能够保证常汲常新，流动鲜活。总之，只要是清洁流动的水皆可，而以甘美而清冽的泉水为最好。至北宋，前者被苏轼总结为"活水"，后者被宋徽宗赵佶论述为"以清轻甘洁为美"。陆羽年轻时在家乡与贬官竟陵的崔国辅相与交游的三年中，一项重要的活动就是品茶论水，此后陆羽对于煮茶用水一直都非常重视，所到之处依然品茶评水。唐代张又新著《煎茶水记》时，记录了陆羽曾经将其所经历的天下宜茶之水品评等第列出二十种，成为中国南北大地"天下第 × 泉"的源头。重视饮茶用水成为此后茶人的一个传统，唐代宰相李德裕甚至有千里运惠山泉的故事。

陆羽对于煮水的论述，首开风气之先。他将水烧开沸腾分为三个程度，并将一沸之水形象地比喻为"鱼目"。从此，鱼目蟹眼成为后出茶书论煮水时的专用名词，更是特别成为诗文创作中一个极为醒目的意象。陆羽认为对茶最适合的是在水达到二沸时加入末茶粉煮茶，三沸以上的水老，不可用来煮茶饮用。这一经验论断一直为人继承，至今仍有着现实的指导意义。所区别者，是现在有更多的科学研究手段，通过量化的分析，更为科学地证明陆羽的经验性论断。

陆羽关于茶汤表面沫饽的形象描绘，再次展示了他对茶的美好感受与热爱之情，也让人们再次看到了他的文学才华，他的朋友权德舆（官至宰相）曾经这样称赞他："词艺卓异，为当时闻人"，说明了陆羽的文学成就与影响很大。

本章关于茶需趁热连饮，否则茶味就不好的经验，至今仍然正确。

本章"茶性俭，不宜广"的论述，与《一之源》所论茶之为饮"最宜精行俭德之人"相呼应。

《煮茶图》（局部），[明] 王问，绢本水墨，手卷，纵 29.5 厘米，横 383.1 厘米，
台北故宫博物院藏

119

六之饮

翼而飞[1]，毛而走[2]，呿[一]而言[3]。此三者俱生于天地间，饮啄[4]以活，饮之时义远矣哉！至若救渴，饮之以浆[5]；蠲[6]忧忿，饮之以酒；荡昏寐，饮之以茶。

茶之为饮，发乎神农氏[7]，闻[二]于鲁周公。齐有晏婴[8]，汉有扬雄、司马相如[9]，吴有韦曜[10]，晋有刘琨、张载、远祖纳、谢安、左思之徒[11]，皆饮焉。滂时浸俗[12]，盛于国朝[13]，两都并荆渝[三]间[14]，以为比屋之饮[15]。

饮有觕[16]茶、散茶、末茶、饼[四]茶者，乃斫、乃熬、乃炀、乃舂[17]，贮于瓶缶之中，以汤沃焉，谓之痷茶[18]。或用[五]葱、姜、枣、橘皮、茱萸[19]、薄荷[六]之等，煮之百沸，或扬令滑，或煮去沫。斯沟渠间弃水耳，而习俗不已。

於戏！天育万物，皆有至妙。人之所工，但猎浅易。所庇者屋，屋精极；所著者衣，衣精极；所饱者饮食，食与酒皆精极之[七]。茶[八]有九难：一曰造，二曰别，三曰器，四曰火，五曰水，六曰炙，七曰末，八曰煮，九曰饮。阴采夜[九]焙[20]，非造也；嚼味嗅香，非别也；膻鼎腥瓯[21]，非器也；膏薪庖炭，非火也；飞湍壅潦[22]，非水也；外熟内生，非炙也；碧粉缥尘，非末也；操艰搅遽[23]，非煮也；

夏兴冬废，非饮也。

　　夫珍鲜馥烈者[24]，其碗数三；次之者，碗数五[25]。若坐客数至五，行三碗；至七，行五碗；若六人已下[26]，不约碗数，但阙一人而已，其隽永补所阙人。

校记

一 呿：原作"去"，今据竟陵本改。

二 闻：原作"间"，今据竟陵本改。

三 渝：原作"俞"，今据照旷阁本改。
按：竟陵本以下诸本皆有注曰："俞当作渝，巴渝也。"

四 饼：喻政《茶书》本作"饮"。

五 或用：涵芬楼本作"或有用"。

六 荷：原作"菏"，今据《四库》本改。

七 之：仪鸿堂本作"凡"字接下句。

八 茶：西塔寺本作"凡茶"。

九 夜：仪鸿堂本作"阳"。

注释

1　翼而飞：有翅膀能飞的禽类。

2　毛而走：身被皮毛善于奔走的兽类。

3　呿（qū）而言：张口会说话的人类。呿，张口状。

4　饮啄（zhuó）：饮水啄食。啄，鸟用嘴取食。

5　浆：古代一种微酸的饮料。

6　蠲（juān）：除去，清除。

7　神农氏：又称炎帝，传说中的三皇之一，姜姓。因以火德王，故称炎帝；相传以火名官，作耒耜，教人耕种，故又号神农氏。

8　晏婴（?—前500）：春秋时齐国大夫，字平仲，春秋时齐国夷维（今山东高密）人，继承父（桓子）职为齐卿，后相齐景公，以节俭力行，善于辞令，名显诸侯。《史记》卷六二有传。

9　汉有扬雄、司马相如：扬雄（前53—18），字子云，西汉蜀郡成都（今四川成都）人。西汉学者、辞赋家、语言学家。司马相如（约前179—前118），字长卿，西汉蜀郡（今四川成都）人。官至孝文园令，汉朝著名辞赋家，其代表作品为《子虚赋》。《史记》卷一一七、《汉书》卷五七皆有传。

10　吴有韦曜：韦曜（220—280），本名韦昭，字弘嗣，晋陈寿著《三国志》时避司马昭名讳改其名。三国吴人，官至太傅，后为孙皓所杀。《三国志》卷六五有传。

11　晋有刘琨、张载、远祖纳、谢安、左思之徒：刘琨（271—318），字越石，中山魏昌（今河北无极）人。西晋时任并州刺史，拜平北大将军，都督并、幽、冀三州诸军事，死后追封为司空。《晋书》卷六二有传。张载，字孟阳，西晋文学家，安平（今河北深州）人，性格闲雅，博学多闻。官至中书侍郎，与其弟张协、张亢，都以文学著称，时称"三张"。《晋书》卷五五有传。远祖纳，即陆纳（320？—395），字祖言，晋时吴郡吴（今江苏苏州）人，官至尚书令，拜卫将军。《晋书》卷七七有传。中唐以前，门阀观念与谱牒制度仍较强烈，陆羽因与陆纳同姓，故称之为远祖。高祖、曾祖以上的祖先称为远祖。谢安（320—385），字安石，陈郡阳夏（今河南太康）人。官至太保、大都督，因领导淝水之战有功，死后追封为庐陵郡公。《晋书》卷七七有传。左思（约250—305），字太冲，齐国临淄（今山东淄博）人。西晋文学家，著有《三都赋》《娇女诗》等。晋武帝时始任秘书郎，齐王冏命为记室督，辞疾不就。《晋书》卷九二有传。

12 **滂时浸俗**：影响渗透成为社会风气。滂，水势盛大浸涌，引申为浸润的意思。浸，渐渍、浸淫的意思。《汉书·成帝纪》："浸以成俗。"

13 **国朝**：指陆羽自己所处的唐朝。

14 **两都**：指唐朝的西京长安（今陕西西安），东都洛阳（今属河南）。

荆：荆州，江陵府，天宝间一度为江陵郡，是唐代的大都市之一，也是最大的茶市之一。

渝：渝州，天宝间称南平郡，治巴县（今重庆）。唐代荆渝间诸州县多产茶。

15 **比屋之饮**：家家户户都饮茶。比，通"毗"，相连接。

16 **觕**（cū）：粗。

17 **乃斫**（zhuó）、**乃熬**、**乃炀**（yàng）、**乃舂**（chōng）：斫，伐枝取叶；熬，蒸茶；炀，焙茶使干；舂，碾磨成粉。

18 **贮于瓶缶**（fǒu）**之中，以汤沃焉，谓之痷**（ān）**茶**：将磨好的茶粉放在瓶罐之类的容器里，用开水浇下去，称之为泡茶。缶，一种大腹紧口的瓦器。痷，《茶经》中的泡茶术语，指以水浸泡茶叶之意。

19 **茱萸**：落叶乔木或半乔木，有山茱萸、吴茱萸、食茱萸三种，果实红色，有香气，入药，古人常取它的果实或叶子作烹调作料。

20 **焙**（bèi）：微火烘烤。

21 **瓯**（ōu）：杯、碗之类的饮具。

22 **飞湍**（tuān）：急流。湍，水势急而旋。

壅潦（lǎo）：停滞不流的水。潦，积水。

23 **遽**（jù）：急速，匆忙。

24 **珍鲜馥烈者**：香高味美的好茶。

25 **其碗数三；次之者，碗数五**：这里与前文《五之煮》的相关文字呼应："诸第一与第二、第三碗次之。第四、第五碗外，非渴甚莫之饮。""碗数少至三，多至五。"

26 **若六人已下**：此处"六"疑可能为
"十"之误，因前文《五之煮》有小
注曰"碗数少至三，多至五。若人
多至十，加两炉"，则此处所言之数
当为七人以上十人以下。按：《茶
经》所言行茶碗数不甚明了，研究
者或疑此处有脱文。

《宫乐图》，[唐] 佚名，绢本设色，立轴，纵 48.7 厘米，横 69.5 厘米，台北故宫
博物院藏

译文

禽鸟有翅而飞，兽类身被皮毛善于奔跑，人类开口能言，三者都生存于天地之间，依靠喝水、吃食物来维持生命，可见饮的时间漫长，意义深远。为了解渴，则要饮浆；为了消愁解闷，则要喝酒；为了提神解除瞌睡，则要喝茶。

茶作为饮料，开始于神农氏，周公做了文字记载而为世人所知。春秋时齐国的晏婴，汉代的扬雄、司马相如，三国时吴国的韦曜，晋代的刘琨、张载、陆纳、谢安、左思等人都爱喝茶。后来流传甚广，逐渐形成风气，到了唐朝，饮茶之风非常盛行，在西安、洛阳东西两个都城和江陵、重庆等地，更是家家户户饮茶。

饮用的茶，有粗茶、散茶、末茶、饼茶。这些茶都经过伐枝采叶、蒸熬、烤炙、碾磨，放到瓶缶中，用开水冲泡，这叫作浸泡的茶。或加入葱、姜、枣、橘皮、茱萸、薄荷之类东西，煮沸很长时间，或者把茶汤扬起使之变得柔滑，或者在煮的时候把茶汤上的"沫"去掉。这样的茶汤无异于沟渠里的废水，可是这样的习俗至今都延续不变。

呜呼！天生万物，都有它最精妙之处，人们所擅长的，都只是那些浅显易做的。住的是房屋，房屋构造精致极了；穿的是衣服，衣服做得精美极了；填饱肚子的是饮食，食物和酒都好极了。而茶要做到精致则有九大难点：一是制造，二是识别，三是器具，四是用火，五是择水，六是烤炙，七是研末，八是烹煮，九是品饮。阴天采摘和夜间焙制，是制造不当；口嚼辨味，鼻闻辨香，是鉴别不当；沾染了膻腥气的锅碗，是器具不当；用有油烟的和烤过肉的柴炭，是燃料不当；用急流奔涌或停滞不流的水，是用水不当；烤得外熟内生，是烤炙不当；把茶研磨成太细的青白色的粉末，是研末不当；操作不熟练或搅动太急，是烹煮不当；夏天喝而冬天不喝，是饮用不当。

精美新鲜芳香浓烈的茶，（一炉）只有三碗。其次是一炉煮五碗。假若座上客人达到五人，就分舀三碗；座客达到七人，就以五碗匀分；假若是六人以下（六人或当为十人），就不必估量碗数，只要按少一个人计算，用"隽永"那瓢水来补充所少算的一份。

从左至右：陆羽像、汤瓶、风炉和茶镀、茶臼、渣斗，五代，白瓷，陆羽像高 10
厘米，汤瓶高 9.8 厘米，风炉、茶镀通高 15.6 厘米，茶臼高 3.1 厘米、口径 12.2
厘米，渣斗高 9.5 厘米、口径 11.3 厘米，中国国家博物馆藏

131

　　人和所有生存于天地间的动物一样，都必须依靠饮食维持生命。人类饮用的饮品有很多，如水、酒、茶等，它们对人都有各自不同的功用，茶的主要功用是提神醒脑。人类饮茶的时间与意义皆很深远。

　　人类饮用茶的历史源远流长，本章以神农以来各历史时期的代表人物概而述之。到了唐朝，许多地区甚至家家户户饮茶，饮茶之风非常之盛。陆羽总结了至他所处时代的各种茶叶形态和饮茶方式，让后人仍能看到当时就有多种饮茶方式并存的状态。陆羽对当时存在的夹杂多种物品混合煮饮的茶羹汤，以及只是将茶放在瓶缶中用开水浸泡等一些饮茶方式甚不以为然，认为应该抛弃不喝，从相反的角度提倡清饮。

　　陆羽在《茶经》中大力提倡的是除盐之外不加其他任何物品的清饮，他清醒地看到他所提倡的清俭之茶饮方式的难度，因为人之本性就是擅长将容易的事情做到精致，而茶却是不容易做到精妙的事情之一。因为只有能解决饮茶过程中的"九难"：造茶、识茶、茶器、生火、用水、炙茶、碾茶、煮茶、饮茶，即从采摘制造茶

《饮茶图》，[南唐] 周文矩，绢本设色，纵 23.2 厘米，横 25.1 厘米，美国弗利尔美术馆藏

《品茶图》（局部），[明] 文徵明，纸本浅设色，立轴，纵 88.3 厘米，横 25.2 厘米，
台北故宫博物院藏

叶开始直至饮用的全部过程的所有问题，也即是若能按
照《茶经》所论述的规范去做，才能尽究饮茶的奥妙。

　　本章最后一段文字，讲三五人或更多人一起饮茶时
茶碗设置数量，因为涉及当时的饮茶形式，还有让人不
易理解之处。可能还是从一起饮茶的人数角度，再次言
及上章所论"茶性俭，不宜广"的问题。

七之事

三‾皇　炎帝神农氏[1]

周　鲁周公旦[2]，齐相晏婴[3]

汉　仙人丹丘子，黄山君[4]，司马文园令相如[5]，扬执戟雄[6]

吴　归命侯[7]，韦太傅弘嗣[8]

晋　惠帝[9]，刘司空琨，琨兄子兖州刺史演[10]，张黄门孟阳[11]，傅司隶咸[12]，江洗马统‾[13]，孙参军楚[14]，左记室太冲，陆吴兴纳，纳兄子会稽内史俶，谢冠军安石，郭弘农璞，桓扬州温[15]，杜舍人育‾，武康小山寺释法瑶[16]，沛国夏侯恺[17]，余姚虞洪[18]，北地傅巽[19]，丹阳弘君举[20]，乐安任育长[四][21]，宣城秦精[22]，燉煌单道开[23]，剡县陈务妻[24]，广陵老姥[25]，河内山谦之[26]

后魏[27]　琅琊王肃[28]

宋[29]　新安王子鸾，鸾兄豫章王子尚[五][30]，鲍昭[六]妹令晖[31]，八公山沙门昙[七]济[32]

齐[33]　世祖武帝[34]

梁[35]　刘廷尉[36]，陶先生弘景[37]

皇朝[38]　徐英公勣[39]

《神农食经》[40]："茶茗久服，令人有力、悦志。"

周公《尔雅》[41]："槚[42]，苦荼[八]。"

《广雅》[43]云："荆、巴间采叶[九]作饼，叶老者，饼成[一〇]，以米膏出之。欲煮茗饮，先炙令赤色[一一]，捣末置瓷器中，以汤浇覆之，用葱、姜、橘子芼[44]之。其饮醒酒，令人不眠。"

《晏子春秋》[45]："婴相齐景公时，食脱粟之饭，炙三弋[一二]、五卵[46]，茗菜[一三 47]而已。"

司马相如《凡将篇》[48]："乌喙、桔梗、芫华、款冬[一四]、贝母、木蘗、蒌[一五]、芩草、芍药、桂、漏芦、蜚廉、藿菌[一六]、荈诧、白敛[一七]、白芷、菖蒲、芒消[一八]、莞椒、茱萸[49]。"

《方言》[一九 50]："蜀西南人谓茶曰蔎[二〇 51]。"

《吴志·韦曜传》："孙皓每飨宴[二一]，坐席无不率以七胜为限[二二]，虽不尽入口，皆浇灌取尽。曜饮酒不过二升。皓初礼异，密赐茶荈以代酒。"[二三 52]

《晋中兴书》[53]："陆纳为吴兴太守时，卫将军谢安常欲诣纳。(《晋书》云[二四]：纳为吏部尚书[54]。)纳兄子俶[二五]怪纳无所备，不敢问之，乃私蓄十数人[二六]馔。安既至，所设唯茶果而已。俶遂陈盛馔，珍羞必[二七]具。及安去[二八]，纳杖俶四十，云：'汝既不能光益叔父，奈何秽吾素业？'"

138

《晋书》："桓温为扬州牧，性俭，每讌饮，唯下七奠拌^{二九}茶果而已。"^{55}

《搜神记》^{56}："夏侯恺因疾死。宗人字苟奴察见鬼神^{三〇}。见恺来收^{三一}马，并病其妻。着^{三二}平上帻^{57}，单衣，入坐生时西壁大床，就人觅茶饮。"

刘琨^{58}《与兄子南兖州刺史演书》云："前得安州^{59}干姜一斤，桂一斤，黄芩^{三三}^{60}一斤，皆所须也。吾体中愦闷^{三四}^{61}，常仰真^{三五}茶^{62}，汝可置^{三六}之。"^{三七}

傅咸《司隶教》曰^{63}："闻南市有蜀妪作茶粥^{64}卖^{三八}，为廉事^{三九}^{65}打破其器具，后^{四〇}又卖饼于市。而禁茶粥以困^{四一}蜀姥，何哉？"^{四二}

《神异记》^{66}："余姚人虞洪入山采茗，遇一道士，牵三青牛，引洪至瀑布山曰：'吾^{四三}，丹丘子也。闻子善具饮，常思见惠。山中有大茗，可以相给。祈子他日有瓯牺之余^{67}，乞^{四四}相遗也。'因立^{四五}奠祀，后常令家人入山，获大茗焉。"

左思《娇女诗》^{68}："吾家有娇女，皎皎颇白皙^{四六}^{69}。小字^{70}为纨素，口齿自清历^{71}。有姊字惠芳^{四七}，眉目粲^{四八}如画。驰骛^{72}翔园林，果下皆生摘。贪华风雨中，倏忽数百适^{73}。心为茶荈剧，吹嘘对鼎䥽。^{74}"

张孟阳《登成都楼》⁷⁵诗云："借问扬子舍^{四九}，想见长卿庐⁷⁶。程卓^{五〇}累千金⁷⁷，骄侈拟五侯^{五一78}。门有连骑客，翠带腰吴钩^{五二79}。鼎食随时进，百和妙且殊⁸⁰。披林采秋橘^{五三}，临江钓春鱼。黑子过^{五四}龙醢⁸¹，果馔逾蟹蝑⁸²。芳茶冠六清^{五五83}，溢味播九区⁸⁴。人生苟安乐，兹土聊可娱。"

傅巽《七诲》⁸⁵："蒲^{五六}桃宛奈⁸⁶，齐柿燕栗，峘^{五七}阳⁸⁷黄梨，巫山朱橘，南中⁸⁸茶子，西极石蜜⁸⁹。"

弘君举《食檄》："寒温⁹⁰既毕，应下霜华之茗⁹¹；三爵⁹²而终，应下诸蔗、木瓜、元李、杨梅、五味、橄榄、悬豹、葵羹各一杯⁹³。"

孙楚《歌》^{五八94}："茱萸出芳树颠，鲤鱼出洛水泉。白盐出河东⁹⁵，美豉出鲁渊^{五九96}。姜、桂、茶荈出巴蜀，椒、橘、木兰出高山。蓼苏⁹⁷出沟渠，精^{六〇}稗出中田⁹⁸。"

华佗^{六一}《食论》⁹⁹："苦茶久食，益意思。"

壶居士《食忌》¹⁰⁰："苦茶久食，羽化¹⁰¹；与韭同食，令人体重。"

郭璞¹⁰²《尔雅注》云："树小似栀子，冬生¹⁰³，叶可煮羹饮。今呼早取为茶^{六二}，晚取为茗，或一曰荈¹⁰⁴，蜀人名之苦茶。"

《世说》¹⁰⁵："任瞻，字育长，少时有令名¹⁰⁶，自过江

失志 107。既下饮六三，问人云：'此为茶？为茗？'觉人有怪色，乃自申六四明云：'向问饮为热为冷。'"

《续搜神记》108："晋武帝 109 世六五，宣城人秦精，常入武昌山 110 采茗。遇一毛人，长丈余，引精至山下，示以丛六六茗而去。俄而复还，乃探怀中橘以遗精。精怖，负茗而归。"

《晋四王起事》111："惠帝蒙尘还洛阳 112，黄门以瓦盂盛茶上至尊 113。"

《异苑》114："剡县陈务六七妻，少与二子寡居，好饮茶茗。以宅中有古冢，每饮辄先祀之。二子患之曰：'古冢何知？徒以劳意。'欲掘去之。母苦禁六八而止。其夜，梦一人云：'吾止此冢三百余年，卿二子恒欲见毁，赖相保护，又享吾佳茗，虽潜六九壤朽骨，岂忘翳桑之报 115。'及晓，于庭中获钱十万，似久埋者，但贯新耳。母告二子，惭之，从是祷馈七○ 116 愈甚。"

《广陵耆老传》117："晋元帝 118 时有老姥七一，每旦独提七二一器茗，往市鬻 119 之，市人竞买。自旦至夕七三，其器不减七四。所得钱散路傍孤贫乞人，人或异之。州法曹絷 120 之狱中七五。至夜，老姥执所鬻茗器七六，从狱牖 121 中飞出七七。"

《艺术传》122："敦煌人单道开，不畏寒暑，常服小石

141

子。所服药有松、桂、蜜之气，所饮^{七八}茶苏¹²³而已。”^{七九}

释道说^{八〇}《续名僧传》¹²⁴："宋释法瑶，姓杨^{八一}氏，河东人。元嘉^{八二}¹²⁵中过江，遇沈台真¹²⁶，请真君^{八三}武康小山寺，年垂悬车¹²⁷，饭所饮茶。大^{八四}明¹²⁸中，敕吴兴礼致上京，年七十九。"

宋《江氏家传》¹²⁹："江统，字应元^{八五}，迁愍怀太子洗马¹³⁰，常上疏，谏云：'今西园卖醯¹³¹、面、蓝子、菜、茶之属，亏败国体。'"

《宋录》¹³²："新安王子鸾、豫章王子尚诣昙济道人于八公山，道人设茶^{八六}茗。子尚味之曰：'此甘露也，何言茶茗？'"

王微¹³³《杂诗》："寂寂掩高^{八七}阁，寥寥空^{八八}广厦。待君竟不归，收领今就槚。"¹³⁴

鲍照¹³⁵妹令晖著《香茗赋》。

南齐世祖武皇帝遗诏¹³⁶："我灵座^{八九}¹³⁷上慎勿以牲为祭，但设饼果、茶饮、干饭、酒脯而已。"

梁刘孝绰《谢晋安王饷米等启》¹³⁸："传诏¹³⁹李孟孙宣教旨，垂赐米、酒、瓜、笋^{九〇}、菹^{九一}、脯、酢、茗八种¹⁴⁰。气苾新城，味芳云松¹⁴¹。江潭抽节，迈昌荇之珍¹⁴²；疆埸擢翘，越葺精之美¹⁴³。羞^{九二}非纯束野麚，裹似雪之驴[九三][144]。鲊[九四]异陶瓶河鲤[145]，操如琼之粲[146]。茗同食粲[147]，酢类望柑[九五][148]。免千里宿春，省三月粮[九六]聚[149]。小人怀惠，大惬[150]难忘。"

陶弘景《杂录》[151]："苦茶轻身换骨[九七]，昔丹丘子、黄[九八]山君服之。"

《后魏录》："琅琊王肃仕南朝，好茗饮、莼羹[152]。及还北地，又好羊肉、酪浆。人或问之：'茗何如酪？'肃曰：'茗不堪与酪为奴。'"[153]

《桐君录》[154]："西[九九]阳、武昌、庐江、晋[一〇〇]陵好茗[一〇一][155]，皆东人作清茗[156]。茗有饽，饮之宜人。凡可饮之物，皆多取其叶。天门冬、拔揳[一〇二]取根[157]，皆益人。又巴东[158]别有真茗茶[一〇三]，煎饮令人不眠。俗中多煮檀叶并大皂李作茶，并冷。[159]又南方有瓜芦木，亦似茗，至苦涩，取为屑茶饮，亦可通夜不眠。煮盐人但资此饮，而交、广[160]最重，客来先设，乃加以香芼辈[161]。"

《坤元录》[162]："辰州溆浦县西北三百五十里无射山[163]，云蛮俗当吉庆之时，亲族集会歌舞于山上。山多茶树。"

《括[一〇四]地图》[164]："临蒸县[165]东一百四十里有茶溪[一〇五]。"

山谦之《吴兴记》："乌程县西二十里，有温山[166]，出御荈。"

《夷陵图经》[167]："黄牛、荆门、女观、望州等山[168]，茶茗出焉。"

《永嘉图经》[169]："永嘉县[170]东三百里有白茶山。"

《淮阴[171]图经》："山阳县南二十里有茶坡。"

《茶陵图经》云："茶陵[172]者，所谓陵谷生茶茗焉。"

《本草·木部》[173]："茗，苦茶[一〇六]。味甘苦，微寒，无毒。主瘘疮[174]，利小便，去痰渴热，令人少睡。秋采之苦，主下气消食。"注云："春采之。"

《本草·菜部》[175]："苦菜[一〇七]，一名荼[一〇八][176]，一名选[177]，一名游冬[178]，生益州[179]川[一〇九]谷，山陵道傍，凌冬不死。三月三日采，干。"注云[180]："疑此即是今茶[一一〇]，一名荼[一一一]，令人不眠。"《本草》注[181]："按《诗》云'谁谓荼[一一二]苦'[182]，又云'堇荼[一一三]如饴'[183]，皆苦菜[一一四]也。陶谓之苦茶[一一五]，木类，非菜流。茗春采[一一六]，谓之苦搽[一一七]（途遐反）。"

《枕中方》[184]："疗积年瘘，苦茶、蜈蚣并炙，令香熟，等分，捣筛，煮甘草汤洗，以末傅[一一八]之。"

《孺子方》[185]："疗小儿无故惊蹶[186]，以苦茶[一一九]、葱须煮服之。"

校记

一 三：原作"王"，今据竟陵本改。

二 统：原作"充"，今据《晋书》卷五六《江统传》改。

三 育：原作"毓"，今据《晋书》所记名"杜育"改。

四 乐安任育长："乐安"，原脱"乐"字，今据竹素园本补。"育长"，原脱"长"字，今据竟陵本补。竟陵本注曰："育长，任瞻字，元本遗长字，今增之。"仪鸿堂本、西塔寺本作"瞻"，仪鸿堂本注曰："瞻字育长。诸旧刻有作育者，有作育长者，然经文悉注名，周公尚然。考古本是瞻，今从之。"

五 鸾兄豫章王子尚："兄"，原作"弟"。按：刘子鸾是南朝刘宋孝武帝第八子，刘子尚是第二子。子鸾在孝武帝诸子中最受宠，《茶经》此处先言弟后言兄，当是所言以贵。

六 鲍昭：即鲍照，《茶经》避唐讳改。下同。

七 昙：原作"谭"，据下文"诣昙济道人于八公山"句改。

八 茶：原作"荼"，今据《长编》本改。

九 叶：《太平御览》卷八六七作"茶"。

一〇 叶老者，饼成：《太平御览》卷八六七作"成"。

一一 欲煮茗饮，先炙令赤色：《太平御览》卷八六七作"若饮先炙，令色赤"。

一二 弋：原作"戈"，今据《太平御览》卷八六七改。

一三 茗：《晏子春秋》作"苔"。

菜：原作"莱"，今据喻政《茶书》本改。

一四 冬：《欣赏》本作"东"。

一五 蒌：《大观》本作"姜"。

一六 菌：仪鸿堂本作"茵"。

一七 敛：喻政《茶书》本作"蔽"。

一八 消：竟陵本作"硝"。

一九《方言》：喻政《茶书》本作"扬雄《方言》"，秋水斋本作"杨雄"。

二〇 蔽：原作"葭"，今据竟陵本改。

二一 孙皓每飨宴：《说荟》本于此句后多"无不竟日"四字。

二二 无不：《说荟》本作"无能否"。
胜：照旷阁本作"升"。

二三《吴志·韦曜传》引文见《三国志》卷六五。陆羽所引，与今本有多字不同，今录如下："皓每飨宴，无不竟日，坐席无能否，率以七升为限，虽不悉入口，皆浇灌取尽。曜素饮酒不过二升，初见礼异时，常为裁减，或密赐茶荈以当酒。"

二四 云：秋水斋本作"以"。

二五 纳兄子俶：仪鸿堂本于此注曰："会稽内使。"

二六 十数人：竟陵本作"数十人"，《说荟》本作"十人"，西塔寺本作"数十"。

二七 必：仪鸿堂本作"毕"。

二八 及安去：西塔寺本作"安既去"。

二九 拌：喻政《茶书》本作"柈"。

三〇 苟：涵芬楼本作"狗"；
察：涵芬楼本作"密"。

三一 收：西塔寺本作"取"。

三二 着：涵芬楼本作"见着"。

三三 芬：喻政《茶书》本作"花"。

三四 吾：《唐代丛书》本作"曰"；
愦：原作"溃"，今据《长编》本改。竟陵本有注云："溃当作愦。"

三五 真：竟陵本作"其"。

三六 置：《唐代丛书》本作"信致"，涵芬楼本作"致"。

三七 本条《北堂书钞》卷一四四引作："前得安州干茶二斤，姜一斤，桂一斤，吾体中烦闷，恒假真茶，汝可致之。"《太平御览》卷八六七引作："前得安州干茶二斤，桂一斤，皆所须也。吾体中烦闷，恒假贳茶，汝可信致之。"

三八 南市：原作"南方"，今据《北堂书钞》卷一四四、《太平御览》卷八六七改。按：南市指洛阳的南市。
有蜀姬：原作"有以困蜀姬"，今据《北堂书钞》卷一四四、《太平御览》卷八六七改。

三九 廉事：《四库》本作"群吏"。廉：原作"帘"，今据《北堂书钞》卷一四四、《太平御览》卷八六七改。

四〇 后：原本空一格，今据秋水斋本补。《四库》本作"嗣"，西塔寺本作"其"。

四一 困：原脱，今据《长编》本补。

四二 清严可均《全上古三代秦汉三国六朝文》收录有傅咸《司隶校尉教》，文字与本处稍有不同："闻南市有蜀姬作茶粥卖之，廉事毁其器物，使无为。卖饼于市。而禁茶粥以困老姥，独何哉？"

四三 吾：原本残存上半"工"字，今据

日本本改。按：华氏本描为"工"，而竟陵本则写作"予"。

四四 乞：西塔寺本作"迄"。

四五 立：《欣赏》本作"其"，《说荟》本作"具"。

四六 颇：喻政《茶书》本作"可"。

白：原本漫漶，后人描为"曰"，今据日本本作"白"。

四七 姊：涵芬楼本作"妹"。

字：仪鸿堂本作"自"。

惠：西塔寺本作"蕙"。

四八 粲：《名书》本作"灿"。

四九 扬子舍："扬"，原作"杨"，今据《长编》本改。《说荟》本作"阳"。

按：扬子指扬雄。

五〇 卓：《欣赏》本作"十"。

五一 侯：《欣赏》本作"都"。

五二 钩：《欣赏》本作"彄"。

五三 橘：西塔寺本作"菊"。

五四 过：西塔寺本作"遇"。

五五 六清：原作"六情"，今据《太平御览》卷八六七改。

五六 蒲：《唐代丛书》本作"薄"。

五七 峘：涵芬楼本作"恒"。

五八 《歌》：《太平御览》卷八六七引作《出歌》。

五九 渊：《太平御览》卷八六七引作"川"。

六〇 精：《太平御览》卷八六七引作"秕"。

六一 佗：《欣赏》本作"陀"。

六二 荼：原作"茶"，今据《尔雅》郭注改。下文"蜀人名之苦荼"之"荼"同。

六三 下饮：《太平御览》卷八六七引作"不饮茗"。

六四 申：原作"分"，今据《世说新语·纰漏篇》改。

六五 世：原脱，今据《太平御览》卷八六七引补。

六六 丛：原作"蔟"，今据《太平御览》卷八六七引改。

六七 务：《太平御览》卷八六七引作"矜"。

六八 苦禁：涵芬楼本作"苦禁之"。

六九 潜：照旷阁本作"泉"。

七〇 馈：原作"馈"，竟陵本作"钦"，今据华氏本改。

七一 姥：涵芬楼本作"妪"。下同。

七二 独提：《太平御览》卷八六七引作"擎"。

七三 夕：《太平御览》卷八六七引作"暮"。

七四 不减：《太平御览》卷八六七引作"不减茗"。

七五 州法曹縶之狱中：《太平御览》卷八六七引作"执而縶之于狱"。

七六 至夜，老姥执所鬻茗器：《太平御览》卷八六七引作"夜擎所卖茗器"。执：竟陵本作"携"。

七七 从狱牖中飞出：《太平御览》卷八六七引作"自牖飞去"。牖：华氏本作"牗"。

七八 所饮：原作"所余"，《太平御览》卷八六七引作"兼服"，今据《晋书》卷九五改。

七九 本条引文与所引《晋书》原文有不同，今录如下："单道开，敦煌

147

人也……不畏寒暑……恒服细石子……日服镇守药数丸，大如梧子，药有松、蜜、姜、桂、伏苓之气，时复饮茶苏一二升而已。"

八〇 释道说：原作"释道该说"，多家研究认为"该"字当为衍字。按：唐释道宣《续高僧传》卷二十五有《释道悦传》，道悦是主要活动在唐太宗时期的僧人，"说"通"悦"，今据改。

八一 杨：竟陵本作"扬"，《名书》本作"阳"。

八二 元嘉：原作"永嘉"。按：永嘉为晋怀帝年号，与前文所说南朝"宋"不合，且与后文所说大明年号相去150多年，与所言人物79岁年纪亦不合，当为南朝宋元帝元嘉时，今据改。

八三 请真君：竹素园本作"君"，益王涵素本作"请君"，四库本作"真君在"，西塔寺本作"真君"。

八四 大：原作"永"，据《梁高僧传》卷七改。

八五 元：原脱，据《晋书》卷五六《江统传》补。

八六 茶：仪鸿堂本作"香"。

八七 高：《名书》本作"空"。

八八 空：宜和堂本作"坐"。

八九 座：涵芬楼本作"坐"，仪鸿堂本作"床"。

九〇 笋：原作"荀"，今据《集成》本改。

九一 莼：秋水斋本作"菹"，《大观》本作"菹"，通。

九二 羞：涵芬楼本作"茅"。

九三 襄：西塔寺本作"裹"。

驴：益王涵素本作"包"，仪鸿堂本作"鲈"。

九四 鲊：仪鸿堂本作"酢"。

九五 类：原作"颜"，今据秋水斋本改。

柑：原作"橘"，益王涵素本作"梅"，今据秋水斋本改。

九六 粮：原作"种"，今据竹素园本改。

九七 身：原脱，今据《长编》本补。

骨：原作"膏"，今据仪鸿堂本改。

九八 黄：原作"责"，今据《太平御览》卷八六七引改。

九九 西：《大观》本作"酉"。

一〇〇 晋：原作"昔"，今据《太平御览》卷八六七引改。

一〇一 好茗：《太平御览》卷八六七引作"皆出好茗"。

一〇二 揆：仪鸿堂本作"楔"。

一〇三 茗茶：《太平御览》卷八六七引作"香茗"。

一〇四 括：原作"栝"，今据竟陵本改。

一〇五 临蒸县：原作"临遂县"，《太平御览》卷八六七引作"临城县"，今据南宋王象之《舆地纪胜》卷五十五引《括地志》"临蒸县百余里有茶溪"改。

茶溪：《太平御览》卷八六七引作"茶山茶溪"。

一〇六 茶：西塔寺本作"荼"。

一〇七 菜：原作"茶"，秋水斋本作"荼"，今据《长编》本改。

一〇八 茶：原作"荼"，今据陶氏本改。

一〇九 川：仪鸿堂本作"山"。

一一〇 荼：照旷阁本作"茶"。

一一一 荼：原作"茶"，今据陶氏本改。

一一二 荼：原作"茶"，今据竟陵本改。

一一三 荼：原作"茶"，今据秋水斋
本改。

一一四 菜：仪鸿堂本作"茶"。

一一五 荼：《大观》本作"茶"。

一一六 采：涵芬楼本作"采之"。

一一七 榛：《欣赏》本作"茶"。

一一八 傅：仪鸿堂本作"敷"。

一一九 苦荼：原作小注字，今据竟陵
本改。

注释

1 **炎帝神农氏**：传说中的三皇之一，相传以火名官，作耒耜，教人耕种，故又号神农氏。

2 **周公旦**：姓姬名旦，周文王姬昌之子，周武王姬发之弟。武王死后，扶佐其子成王，改定官制，制作礼乐，完备了周朝的典章文物。伐纣灭商之后，曾被封于曲阜，是为鲁公，但未就封。后其采邑在武周，故称为周公。事见《史记·鲁周公世家》。

3 **晏婴**：（前578—前500），字仲，谥平，习惯上多称平仲，又称晏子，夷维（今山东莱州）人。春秋后期一位重要的政治家、思想家、外交家。以生活节俭、谦恭下士著称。

4 **黄山君**：汉代仙人。

5 **司马文园令相如**：即司马相如，西汉著名的辞赋家。司马相如曾为孝文园令，孝文园令是汉文帝之陵的陵园令。陵园令是掌管陵园扫除之事的小官。

6 **扬执戟雄**：扬雄曾任黄门郎。汉代郎官都要执戟护卫宫廷，故称扬执戟。扬雄（前53—18），西汉文学家、哲学家、语言学家。擅长辞赋，与司马相如齐名。

7 **吴　归命侯**：孙皓（242—283），三国时吴国的末代皇帝，字符仲，264—280年在位，于280年降晋，被封为归命侯。事见《三国志》卷四八。

8 **韦太傅弘嗣**：韦曜（220—280），本名韦昭，字弘嗣。

9 **晋　惠帝**：即司马衷（259—306），

晋武帝司马炎第二子，西晋的第二代皇帝，290—306年在位。性痴呆，其皇后贾后专权，在位时有八王之乱。事见《晋书》卷四《惠帝纪》。

10 演：刘演，字始仁，刘琨侄。西晋末，北方大乱，刘琨表奏其任兖州刺史，东晋时官至都督、后将军。《晋书》卷六二《刘琨传》有附传。

11 张黄门孟阳：张载，字孟阳，曾任中书侍郎，未任过黄门侍郎，而是其弟张协（字景阳）任过此职。《晋书》卷五五有传。《茶经》此处当有误记。

12 傅司隶咸：傅咸（239—294），字长虞，西晋北地泥阳（今陕西耀州区）人，西晋哲学家、文学家傅玄之子，仕于晋武帝、惠帝时，历官尚书左、右丞，以议郎长兼司隶校尉等。《晋书》卷四七《傅玄传》有附传。

13 江洗马统：江统（？—310），字应元，西晋陈留圉县（今河南杞县南）人。西晋武帝时，初为山阳令，迁中郎，转太子洗马，在东宫多年，后迁任黄门侍郎、散骑常侍、国子博士。《晋书》卷五六有传。

14 孙参军楚：孙楚（约218—293），字子荆，三国魏至西晋时太原中都县（今山西平遥）人，文学家，史称其"才藻卓绝，爽迈不群"，晋惠帝初官至冯翊太守。《晋书》卷五六有传。《孙楚集》据《隋书·经籍志》载，凡12卷，今佚。明人张溥《汉魏六朝百三家集》中辑有《孙冯翊集》。

15 桓扬州温：桓温（312—373），东

晋谯国龙亢（今安徽怀远）人，字元子，娶晋明帝之女南康长公主为妻。官至大司马，曾任荆州刺史、扬州牧等。长期执掌东晋朝政，三次北伐，威名赫赫。《晋书》卷九八有传。

16 武康：自汉至清代都有这一县名，属吴兴郡（府），在今浙江湖州德清。

释法瑶：东晋至南朝宋齐间著名涅槃师，慧净弟子。初住吴兴武康小山寺，后应请入建康，著有《涅槃》《法华》《大品》《胜鬘》等经及《百论》的疏释。

17 沛国夏侯恺：沛国，在今江苏沛县、丰县一带。夏侯恺，字万仁，事见《搜神记》卷一六。

18 余姚虞洪：《神异记》中人物。余姚即今浙江余姚。

19 北地傅巽：北地，郡名，在今陕西耀州区一带。傅巽，傅咸的从祖父，字公悌，北地泥阳人。

20 丹阳弘君举：丹阳，今属江苏镇江。弘君举，清严可均辑《全上古三代秦汉三国六朝文》之《全晋文》卷一三八录存其文，并言"《隋志》注：梁有骁骑将军《弘戎集》十六卷，疑即此"。

21 乐安任育长：乐安，在今山东邹平。任育长，任瞻，晋人。余嘉锡《世说新语笺疏》下卷下《纰漏第三十四》引《晋百官名》曰："任瞻字育长，乐安人。父琨，少府卿。瞻历谒者仆射、都尉、天门太守。"

151

22 **宣城秦精**：《续搜神记》中人物，宣城在今安徽宣城。

23 **燉煌单道开**：燉煌，今甘肃敦煌，唐时写作燉煌。单道开，东晋穆帝时人，西晋末入内地，后在赵都城（今河北魏县）居住咸久，后南游，经东晋建业（今江苏南京），又至广东罗浮山（今惠州北）隐居卒。《晋书》卷九五《艺术传》有传。

24 **剡县陈务妻**：《异苑》中人物。剡县即今浙江嵊州。

25 **广陵老姥**：《广陵耆老传》中人物。广陵即今江苏扬州。

26 **河内山谦之（420—470）**：南朝宋时河内郡（治所在今河南沁阳）人，著有《吴兴记》等。

27 **后魏**：指北朝的北魏（386—534），鲜卑拓跋珪所建，原建都平城（今山西大同），493年孝文帝拓跋宏迁都洛阳，并改姓"元"。

28 **琅琊王肃（464—501）**：字恭懿，初仕南齐，后因父兄为齐武帝所杀，乃奔北魏，受到魏孝文帝重礼遇，为魏制定朝仪礼乐，《魏书》卷六三有传。琅琊在今山东临沂一带。

29 **宋**：即南朝宋（420—479），宋武帝刘裕推翻东晋政权建立，国号宋，都建康（今江苏南京）。

30 **新安王子鸾，鸾兄豫章王子尚**：子鸾为南朝宋孝武帝第八子，子尚是第二子，当子尚为兄，《茶经》底本此处称子尚为"鸾弟"，有误，据改。事见《宋书》卷八〇。

31 **鲍昭妹令晖**：鲍昭即鲍照（约415—470），字明远，南朝宋文学家。他长于乐府诗，其七言诗对唐代诗歌的发展起了很重要的作用。有《鲍参军集》。其妹令晖亦是一位优秀诗人，钟嵘在其《诗品》中对她有很高的评价，《玉台新咏》载其"著《香茗赋集》行于世"，该集已佚，仅存书目。唐人避武则天讳，改"照"为"昭"。鲍照一说东海（今山东苍山）人，一说上党人。据今人研究考证，当为东晋侨置于江苏镇江一带的东海郡人，曾为临海王前军参军，世称鲍参军。

32 **八公山沙门昙济**：昙济，南朝宋著名成实论师，著有《六家七宗论》，事见《高僧传》卷七，《名僧传抄》中有传。八公山在今安徽淮南。沙门，佛家指出家修行的人。

33 **齐**：萧道成推翻南朝刘宋政权所建的南朝齐（479—502），都建康（今江苏南京）。南齐是南北朝四个朝代中存在时间最短的，仅有23年。

34 **世祖武帝**：南朝齐国第二代皇帝萧赜，482—493年在位。在位期间，劝课农桑，减免赋税，赈济穷困。注重学校教育，崇信佛教，提倡节俭，事见《南齐书》卷三《武帝纪》。

35 **梁**：萧衍推翻南朝齐所建立的南朝梁政权（502—557），都建康（今江苏南京）。

36 **刘廷尉**：即刘孝绰（481—539），南朝梁文学家，原名冉，小字阿士，彭城（今江苏徐州）人，廷尉是其官名。《梁书》卷三三有传。

37 **陶先生弘景**：陶弘景（456—536），南朝齐梁时期道教思想家、医学家，字通明，丹阳秣陵（今江苏江宁南）人，仕于齐，入梁后隐居于句容句曲山，自号"华阳隐居"。梁武帝每逢大事就入山就教于他，人称山中宰相。死后谥白先生。著有《神农本草经集注》《肘后百一方》等。《南史》卷七六、《梁书》卷五一《处士传》有传。

38 **皇朝**：指唐朝。

39 **徐英公勣**：徐勣，即李勣（594—669），唐初名将，本姓徐，名世勣，字懋功，曾任兵部尚书，拜司空、上柱国，封英国公。唐太宗李世民赐姓李，避李世民讳改为单名勣。《旧唐书》卷六七、《新唐书》卷九三有传。

40 **《神农食经》**：传说为炎帝神农所撰，实为西汉儒生托名神农氏所作，早已失传，历代史书《艺文志》均未见记载。樊志民在《中国古代北方饮食文化特色研究》中称《汉书·艺文志》录有《神农食经》七卷，不知何据。按：《汉书》卷三十《艺文志》载有《神农黄帝食禁》七卷一种，著者将其归类为"经方"——汉以前临床医著作及方剂的泛称，非"食经"。

41 **《尔雅》**：中国最早的字书，共十九篇，为考证词义和古代名物的重要资料。古来相传为周公所撰，或谓孔子门徒解释六艺之作。实际应当

是由秦汉间经师学者缀辑周汉诸书旧文，递相增益而成，非出于一手。

42 **槚（jiǎ）**：茶的别名。

43 **《广雅》**：三国魏张揖所撰，原三卷，隋代曹宪作音释，始分为十卷，体例内容根据《尔雅》而博采汉代经书笺注及《方言》《说文》等字书增广补充而成。隋代为避炀帝杨广名讳，改名为《博雅》，后二名并用。

44 **芼（mào）**：拌和。

45 **《晏子春秋》**：旧题春秋晏婴撰，所述皆婴遗事，宋王尧臣等《崇文总目》卷五认为当为后人摭集而成。今凡八卷。《茶经》所引内容见其卷六《内篇杂下第六》，文稍异。

46 **三弋（yì）、五卵**：弋，禽类；卵，禽蛋。三、五为虚数词，几样。

47 **茗菜**：一般认为晏婴当时所食为苔菜而非茗饮。苔菜又称紫堇、蜀芹、楚葵，古时常吃的蔬菜。

48 **《凡将篇》**：汉司马相如所撰，约成书于前130年，缀辑古字为词语而没有音义训释，取开头"凡将"二字为篇名，《说文》常引其说，已佚，现有清任大椿《小学钩沉》、马国翰《玉函山房辑佚书》本。《四库全书总目》说："（《茶经》）《七之事》所引多古书，如司马相如《凡将篇》一条三十八字，为他书所无，亦旁资考辨之一端矣。"

49 **乌喙**：又名乌头，毛茛科附子属。味辛、甘、温、大热，有大毒。主

153

中风恶风等。

桔梗：桔梗科桔梗属。味辛、苦，微温，有小毒。主胸胁痛如刀刺，惊恐悸气，利五脏肠胃，补血气，除寒热风痹，温中消谷等。

芫（yuán）华：又作芫花，瑞香科瑞香属。味辛、苦，温、大热，有小毒。主逆咳上气。

款冬：菊科款冬属。味辛、甘、温，无毒。主逆咳上气善喘。

贝母：百合科贝母属。味辛、苦，平，微寒，无毒。主伤寒烦热等。

木蘗（niè）：即黄蘖，芸香科黄蘖属。落叶乔木，茎可制黄色染料，树皮入药。一般用于清下焦湿热，泻火解毒，黄疸肠痔，漏下赤白，杀虫虫，为降火与治痿要药。

蒌（lóu）：即蒌菜，胡椒科土蒌藤属。蔓生有节，味辛而香。

芩草：禾本科芦苇属。吴陆玑《陆氏诗疏广要》卷上之上：“芩草，茎如钗股，叶如竹，蔓生，泽中下地咸处，为草真实，牛马皆喜食之”。

芍药：毛茛科。味苦、辛，平，微寒，有小毒。主邪气腹痛、除血痹。

桂：唐《新修本草》木部上品卷第十二言其：“味甘、辛，大热，有毒。主温中，利肝肺气，心腹寒热冷疾，霍乱转筋，头痛，腰痛，出汗，止烦，止唾，咳嗽，鼻齆。能堕胎，坚骨节，通血脉，理疏不足，宣导百药，无所畏。久服神仙不老。生桂杨，二月、七八月、十月采皮，阴干。”

漏芦：菊科漏芦属。味苦，寒，无毒。主皮肤热，下乳汁等。

蜚廉：菊科飞廉属。味苦，平，无毒。主骨节热。

藋（huán）菌：味咸、甘，平，微温，有小毒。主治心痛，温中，去长虫……去蛔虫、寸白、恶疮。一名藋芦。生东海池泽及渤海章武。八月采，阴干。

荈诧：双音叠词，分别代表茶名。“荈”字详《一之源》注。“诧”字在古代有多种音义，《说文》：“诧，奠爵酒也。从宀，托声。”作用酒杯盛酒敬奉神灵解。诧，与茶音近。《集韵》《韵会》等：“诧，丑亚切，茶去声”。

白敛：亦作白蔹，葡萄科葡萄属。有解热、解毒、镇痛功能。

白芷：伞形科咸草属。《神农本草经》卷八《草中品之下》言其“味辛，温。主治女人漏下赤白，血闭，阴肿，寒热，风头，侵目泪出，长肌肤润泽，可作面脂。一名芳香。生川谷。”

菖（chāng）蒲：天南星科白菖属。有特种香气，根茎入药，可以健胃。

芒消：即芒硝，朴硝加水熬煮后结成的白色结晶体即芒硝。消是“硝”的通假字。芒消（今作芒硝）成分是硫酸钠，白色结晶，医药上用作泻剂。唐《新修本草》玉石等部上品卷第三言其：“味辛、苦，大寒。主五脏积聚，久热胃闭，除邪气，破留血，腹中痰实结，通经脉，利大小便及月水，破五淋，推陈致新。生于朴消。"

莞（guān）椒： 吴觉农认为恐为华椒之误，华椒即秦椒，芸香科秦椒属，可供药用。在宋代，有以椒入茶煎饮的。

茱萸： 植物名。香气辛烈，可入药。古俗农历九月九日重阳节，佩茱萸能祛邪辟恶。

50 **《方言》：** 《輶轩使者绝代语释别国方言》的简称，汉扬雄撰。按：《茶经》所引本句并不见于今本《方言》。

51 **蔎（shè）：** 茶的别名。

52 文见《三国志》卷六五《吴志》卷二〇，文稍异。《吴志》，当为《吴书》，西晋陈寿所撰《三国志》的一部分，计二十卷。《韦曜传》载于《三国志》卷六十五。陆羽所引，与今本有多字不同。

53 **《晋中兴书》：** 原为八十卷，今存清黄奭辑存一卷，旧题为何法盛撰。据李延寿《南史·徐广传》附《郤绍传》所载，本是郤绍所著，写成后原稿被何法盛窃去，就以何的名义行于世。

54 **《晋书》云：纳为吏部尚书：** 唐以前有十余种私人撰写的晋代史书，唐太宗命房玄龄等重修，是为官修本《晋书》。据《晋书》卷七七《陆晔传》附《陆纳传》载："纳字祖言，少有清操，贞历绝俗。……（简文帝时）出为吴兴太守。……（孝武帝时）迁太常，徙吏部尚书，加奉车都尉、卫将军。谢安尝欲诣纳，

而纳殊无供办。"按：陆纳任吴兴太守是 372 年，迁徙吏部尚书则在 375 年或稍后，此时谢安才去拜访，地点在京城建业，不是吴兴。谢安当时是后将军军衔（比陆纳卫将军军衔低），到 383 年才拜卫将军。这些都与《晋中兴书》不同。

55 事见《晋书》卷九八《桓温传》，文略异。下：摆出。奠（dìng）：同"饤"，用指盛贮食物盘碗的量词。拌，通"盘"。

56 **《搜神记》：** 晋干宝撰，计二十卷，本条见其书卷十六，文稍异。宝字令升，新蔡（在今河南）人。生卒年未详。少勤学，以才器为佐著作郎，求补山阴令，迁始安太守。王导请为司徒右长史，迁散骑常侍。按：王导是在太宁三年（325）成帝即位时任司徒、录尚书事，则干宝是东晋初期人。《搜神记》至南宋时已失传，今本为后人缀辑而成，多有附益，已非原貌。鲁迅《中国小说史略》说："该书于神祇灵异人物变化之外，颇言神仙五行，亦偶有释氏说。"

57 **平上帻（zé）：** 魏晋以来武官所戴的一种平顶头巾，有一定的款式。

58 **刘琨：** 字越石，中山魏昌（今河北无极）人，晋将领、文学家。南兖州：据《晋书·地理志下》载："东晋元帝侨置兖州，寄居京口。明帝以郗鉴为刺史，寄居广陵。置濮阳、济阴、高平、泰山等郡。后改为南兖州，或还江南，或居盱眙，或居

山阳。"因在山东、河南的原兖州已被石勒占领，东晋于是在南方侨置南兖州（同时侨置的有多处），安置北方南逃的官员和百姓。《晋书》所载刘演事迹较简略，只记载任兖州刺史，驻廪丘。刘琨在东晋建立的第二年（318）于幽州被段匹磾所害，这两年刘演尚在北方；"南"字似为后人所加，前面目录也无此字，存疑。

59 安州：晋代的州是第一级大行政区，统辖许多郡、国（第二级行政区），没有安州。晋至隋时只有安陆郡，到唐代才改称安州，在今湖北安陆一带。这段文字，恐非刘琨原文，当为后人有所更改。

60 黄芩：中药名。唇形科黄芩属多年生草本植物。肉质根茎肥厚，叶坚纸质，披针形至线状披针形。以根入药，中医用作清凉解热剂。

61 愦（kuì）：烦闷。

62 真茶：好茶，名茶。

63 傅咸《司隶教》曰：傅咸（239—294），字长虞，仕于晋武帝、惠帝时袭父爵，拜太子洗马，累迁尚书左丞。《司隶教》，司隶校尉的指令。司隶校尉，职掌律令、举察京师百官。教，古时上级对下级的一种文书名称，犹如近代的指令。

64 茶粥：又称茗粥、茗糜。把茶叶与米粟、高粱、麦子、豆类、芝麻、红枣等合煮的羹汤。如唐王维《赠吴官》诗："长安客舍热如煮，无个茗糜难御暑。"（《全唐诗》卷一二五）

储光羲《吃茗粥作》诗："淹留膳茶粥，共我饭蕨薇。"（《全唐诗》卷一三六）现在我国南方和日本的一些地方，仍然有这种吃法。

65 廉事：不详，当为某级官吏。

66 《神异记》：《太平御览》卷八六七引作王浮《神异记》。鲁迅《中国小说史略》曰："类书间有引《神异记》者，则为道士王浮作。"王浮，西晋惠帝时人。

67 瓯（ōu）牺之余：喝不完的茶水。瓯牺，杯杓。此处指喝茶用的杯杓。瓯，杯、碗之类的饮具。

68 左思《娇女诗》：是诗描写两个小女儿天真顽皮的形象。据《玉台新咏》《太平御览》所载，原诗共五十六句，本书所引仅十二句，陆羽不是摘录某一段落，而是将前后诗句进行拼合。个别字与前两书所载不同。左思，西晋著名文学家。

69 晳（xī）：肤色白净。

70 小字：一般作乳名解，但这里是指小的那个女儿名字叫纨素，与下面"其姊字蕙芳"是对称的。

71 清历：分明，清楚。

72 驰骛：奔走，奔竞。

73 倏（shū）忽：顷刻，极短的时间。
   适：到，往。

74 心为茶荈（chuǎn）剧，吹嘘对鼎𬬭：因为急于要烹好茶荈来喝，于是对着锅鼎吹火。吹嘘，呼气，吹气。

75 张孟阳《登成都楼》：《艺文类聚》卷二八引作张载《登成都白菟楼》。

《晋书·张载传》：张载父张收任蜀郡（治成都）太守，载于太康初（280）至蜀探亲，一般认为诗作于此时。原诗三十二句，陆羽仅摘录后面的一半。白菟楼又名张仪楼，即成都城西南门城楼，楼很高大。唐李吉甫《元和郡县图志》卷三一载："城西南，楼百有余尺，名张仪楼，临山瞰江，蜀中近望之佳处也。"

76 借问扬子舍，想见长卿庐：扬子，对扬雄的敬称。长卿，司马相如表字。扬雄和司马相如都是成都人。扬雄的草玄堂，司马相如晚年因病不做官时住的庐舍，都在白菟楼外不远处（参见《大清一统志》卷二九二）。两人都是西汉著名的辞赋家，诗文点出成都地方历代人物辈出。

77 程卓累千金：程卓指汉代程郑和卓王孙两大富豪之家。累千金，形容积累的财富多。汉代程郑和卓王孙两家迁徙蜀郡临邛以后，因为开矿铸造，非常富有。《史记·货殖列传》说卓氏之富"倾动滇蜀"，程氏则"富埒卓氏"。

78 骄侈拟五侯：说程、卓两家的骄横奢侈，比得上王侯。五侯，指五侯九伯之五侯，即公、侯、伯、子、男五等爵，亦指同时封侯五人。东汉梁冀因为是顺帝的内戚，他的儿子和叔父五人都被封为侯爵，专权骄横达二十年，都过着穷奢极侈的生活。一说指东汉桓帝封宦官单超、徐璜等五人为侯："五人同日封，世谓之五侯。自是权归宦官，朝政日

乱矣。"（见《后汉书·宦官传》）后以泛称权贵之家为五侯家。

79 门有连骑客，翠带腰吴钩：宾客们接连地骑着马来到，有如车水马龙。连骑，古时主仆都骑马称为连骑，表明此人地位高贵。翠带，镶嵌翠玉的皮革腰带。吴钩，即吴越之地出产的刀剑，刃稍弯，极锋利，驰誉全国。鲍照《代结客少年行》有"骢马金络头，锦带佩吴钩"语。

80 鼎食随时进，百和妙且殊：鼎食，古时贵族进餐，以鼎盛菜肴，鸣钟击鼓奏乐，所谓"钟鸣鼎食"。时，时节，时新。和，烹调。百和，形容烹调的佳肴多种多样。殊，不同。

81 黑子过龙醢（hǎi）：黑子，未详出典，有解作鱼子者。醢，肉酱。龙醢，龙肉酱，古人以为味极美，则张载是将鱼子同龙肉酱比美。

82 果馔（zhuàn）：果品与菜肴。泛指饮食。馔，食物，菜肴。
蟹蝑（xū）：蟹酱。

83 芳茶冠六清：芳香的茶茗超过六种饮料。六清，六种饮料，《周礼·天官·膳夫》载"饮用六清"，即水、浆、醴（甜酒）、醸（以水和酒）、医（酒的一种）、酏（去渣的粥清）。底本及诸校本皆作"六情"。六情，是人类"不学而能"的天生的六种感情，东汉班固《白虎通》卷下云："喜、怒、哀、乐、爱、恶，谓六情。"佛经则以眼、耳、鼻、舌、身、意为六情。以这些与芳香的茶茗相比拟都是不妥的。

84　**九区**：即九州，古时分中国为九州，关于九州的说法不一。《书·禹贡》作冀、兖、青、徐、扬、荆、豫、梁、雍；《尔雅·释地》有幽、营州而无青、梁州；《周礼·夏官·职方》有幽、并州而无徐、梁州。后以九州泛指天下，全中国。

85　**《七诲》**："七"为文体的一种，亦称七体，为赋的另一形式。南朝梁萧统《文选》列"七"为一门。近人严可均纂辑《全上古三代秦汉三国六朝文》所辑《七诲》仅存片断，全文现可从日藏弘仁本唐高宗朝大型诗文总集《文馆词林》中得见。

86　**蒲桃宛奈（nài）**：这段都是在食品前冠以产地。蒲，古代有几个地点，西晋的蒲阪县，属河东郡，今山西永济西。后代简称蒲者，多指此处。宛，宛县，为荆州南阳国首府，今河南南阳。奈，俗名花红，亦名沙果。据明李时珍《本草纲目》卷三〇《果部·林檎》集解：奈与林檎一类二种也，树实皆似林檎而大。按：花红、林檎、沙果实一物而异名，果味似苹果，供生食，从古代大宛国传来。

87　**峘（héng）阳**：峘，通"恒"。恒阳有二解，一是指恒山山阳地区，一是指恒阳县，今河北曲阳。

88　**南中**：古地区名。相当于今四川大渡河以南、贵州西部和云南全省。三国蜀汉以巴、蜀为根据地，其地在巴、蜀之南，故名。三国蜀诸葛亮南征后，置南中四郡，政治中心在今云南曲靖。

89　**西极**：西向极远之处。一说是今甘肃张掖一带，一说泛指今我国新疆及中亚一带。

　　石蜜：一说是用甘蔗炼糖，成块者即为石蜜。一说是蜂蜜的一种，采于石壁或石洞的叫作石蜜。

90　**寒温**：寒暄，问寒问暖。多泛指宾主见面时谈天气冷暖之类的应酬话。

91　**霜华之茗**：茶沫白如霜的茶饮。

92　**三爵**：喝了多杯酒。三，非实数，泛指其多。爵，古代盛酒器，三足两柱，此处作为饮酒计量单位。曹植有诗曰："乐饮过三爵，缓带倾庶羞。"（《曹子建集》卷六《箜篌引》）

93　**诸蔗**：甘蔗。

　　元李：大李子。

　　悬豹：吴觉农以为或为"悬钩"形近之误。悬钩，又称木莓，蔷薇科，茎有刺，子酸美，人多采食。

　　葵羹：锦葵科冬葵，茎叶可煮羹饮。

94　**孙楚《歌》**：此《歌》已散佚，歌题不详，明人张溥《汉魏六朝三百家集》所编《孙冯翊集》中未有收录。近人丁福保《全汉三国晋南北朝诗》之《全晋诗》卷四收录，题名曰"出歌"。

95　**白盐出河东**：河东，晋代郡名，在今山西西南。境内解州（今山西运城西南）、安邑（今山西运城东北）均产池盐，解盐在我国古代既著名又重要。

96　**鲁渊**：鲁，今山东西南部。渊，湖泽，鲁地多湖泽。

97 **蓼（liǎo）苏**：蓼，一年生或多年生草本植物，有水蓼、红蓼、刺蓼等。味辛，又名辛菜，可作调味用，古时常作烹饪佐料。苏，宋罗愿《尔雅翼》卷七："叶下紫色而气甚香，今俗呼为紫苏。煮饮尤胜。取子研汁煮粥良。长服令人肥白、身香。亦可生食，与鱼肉作羹。"

98 **精粺（bài）出中田**：粺，精米。中田，倒装词，即田中。

99 **华佗《食论》**：华佗（约141—208），字元化，沛国（今安徽亳州）人，医术高明，是东汉末年著名的医家。《后汉书》卷八二、《三国志》卷二九有传。《食论》：不详。

100 **壶居士《食忌》**：壶居士，又称壶公，道家人物，据说他在空室内悬挂一壶，晚间即跳入壶中，别有天地。《食忌》，已佚，具体不详。本条宋叶廷珪《海录碎事》卷六所引有所不同："茶久食羽化。不可与韭同食，令耳聋。"

101 **羽化**：羽化登仙。道家所言修炼成正果后的一种状态。

102 **郭璞**：字景纯，东晋著名学者，博洽多闻，曾为《尔雅》《楚辞》等书作注。

103 **冬生**：茶为常绿树，立冬后，在适当的地理、气候条件下，冬天仍可萌发芽叶。《旧唐书·文宗本纪》："吴、蜀贡新茶，皆于冬中作法为之。"

104 **荈（chuǎn）**：茶的别名。

105 **《世说》**：南朝宋临川王刘义庆等著，计八卷，梁刘孝标作注，增为十卷，见《隋书·经籍志》。后不知何人增加"新语"二字，唐后期王方庆有《续世说新书》。现存三卷是北宋晏殊所删定。内容主要是拾掇汉末至东晋的士族阶层人物的逸闻轶事，尤详于东晋。这一段载于《纰漏第三十四》，陆羽有删节。

106 **少时有令名**：令名，美好的名声。《世说》原文前面说任瞻"一时之秀彦""童少时，神明可爱"。

107 **自过江失志**：西晋被刘聪灭亡后，司马睿在今南京建立东晋王朝，西晋旧臣多由北方渡过长江投奔东晋，任瞻也随着过江，丞相王敦在石头城（今江苏南京西北）迎接，并摆设茶点欢迎。失志，没有做官。

108 **《续搜神记》**：又名《搜神后记》，据《四库全书总目》说："旧本题晋陶潜撰。明沈士龙《跋》谓：'潜卒于元嘉四年，而此中有十四、十六两年事。《陶集》多不称年号，以干支代之，而此书题永初、元嘉，其为伪托，固不待辩。'"鲁迅在《中国小说史略》中也说，陶潜性情豁达，不致著这种书。《隋书·经籍志》已载有此书，当是陶潜以后的南朝人伪托。这一段陆羽有较大的删节。

109 **晋武帝**：晋开国君主司马炎（236—290），司马昭之子。昭死，继位为晋王，后魏帝让位，乃登上帝位，建都洛阳，灭吴，统一中国，在位26年。

110 **武昌山**：宋王象之《舆地纪胜》卷

八一："武昌山，在本（武昌）县南百九十里。高百丈，周八十里。旧云，孙权都鄂，易名武昌，取以武而昌，故因名山。《土俗编》以为今县名疑因山以得之。"

111 《晋四王起事》：南朝卢琳撰，计四卷。又撰有《晋八王故事》十二卷。《隋书》卷三十三《经籍志》著录。后散佚，清黄奭《黄氏逸书考》辑存一卷，题为《晋四王遗事》。

112 惠帝蒙尘还洛阳：皇帝被迫离开宫廷或遭受险恶境况，称蒙尘。房玄龄《晋书·惠帝本纪》载，永宁元年（301），赵王伦篡位，将惠帝幽禁于金墉城。齐王冏、成都王颖、河间王颙、常山王乂四王同其他官员起兵声讨赵王伦。经三个月的战争，击垮赵王伦，齐王等用辇舆接惠帝回洛阳宫中。

113 黄门以瓦盂盛茶上至尊：黄门，指官员或宦官，这里当指宦官。瓦盂，以土烧制的粗碗。至尊，皇帝。现已无从获知《晋四王起事》中惠帝用瓦盂喝茶的记载。但在赵王伦之乱三年后（304）的八王之乱时，《晋书》有惠帝用瓦器饮食的记载。惠帝单车奔洛阳，途中到获嘉县，"市麁米饭，盛以瓦盆，帝噉两盂"。

114 《异苑》：志怪小说及人物异闻集，南朝刘敬叔（390—470）撰。刘敬叔在东晋末为南平国（今湖北江陵一带）郎中令，刘宋时任给事黄门郎。此书现存十卷，已非原本。

115 翳桑之报：春秋时晋国大臣赵盾在翳桑打猎时，遇见了一个名叫灵辄的饥饿垂死之人，赵盾很可怜他，便给了他一些食物。后来晋灵公埋伏了很多甲士要杀赵盾，突然有一个甲士倒戈救了赵盾。赵盾问及原因，甲士回答他说"我是翳桑的那个因饥饿垂死之人，来报答你的一饭之恩。"事见《左传·宣公二年》。

116 馈（kuì）：赠送，进食于人。

117 《广陵耆老传》：作者及年代不详。

118 晋元帝：东晋第一代皇帝司马睿（317—323年在位），317年为晋王，318年晋愍帝在北方被匈奴所杀，司马睿在王氏世家支持下在建业称帝，改建业为建康。

119 鬻（yù）：卖。

120 縶（zhí）：拘捕。

121 牖（yǒu）：窗户。

122 《艺术传》：指房玄龄《晋书》卷九五《艺术列传》，此处引文不是照录原文，文字也略有出入。

123 茶苏：亦作"荼苏"，用茶和紫苏做成的饮料。

124 释道说《续名僧传》：《新唐书·艺文志》记录自晋至唐代有《高僧传》《续高僧传》数种，此处名称略异，不知《续名僧传》是否其中一种。《续高僧传》卷二五有释道悦传，道悦652年仍在世。释道说原本作"释道该说"，"该"当为衍字。说、悦二字通。

125 元嘉：南朝宋文帝年号，共30年（424—453）。

160

126 **沈台真**：沈演之（397—449），字台真，南朝宋吴兴郡武康（今浙江德清）人。家世为将，"折节好学，读老子日百遍，以义理业尚知名"。《宋书》卷六三、《南史》卷三六有传。

127 **年垂悬车**：典出西汉刘安《淮南子·天文训》："爰止羲和，爰息六螭，是谓悬车。"悬车原指黄昏前的一段时间。又指人年70岁退休致仕。元嘉二十六年（449），沈演之卒时方50余岁，则悬车是指当时法瑶的年龄接近70岁。据此，后文言法瑶79岁时的"永明中"时间当有误，布目潮沨据《梁高僧传》卷七言此事当发生在大明六年（462）。

128 **大明**：南朝宋孝武帝年号，共8年（457—464）。底本原作"永明"，永明为南朝齐武帝年号，共11年（483—493）。

129 **宋《江氏家传》**：江祚等撰（此据《隋书》卷三三，而《新唐书》卷六四言为江饶撰），共7卷，今已散佚。

130 **愍怀太子**：晋惠帝庶长子司马遹，惠帝即位后，立为皇太子。年长后不好学，不尊敬保傅，屡缺朝觐，与左右在后园嬉戏。常于东宫、西园使人杀猪、沽酒或做其他买卖，坐收其利。永康元年（300），被惠帝贾后害死，年21。事见《晋书》卷五三。

洗马：官名，汉沿秦置，为东宫官属，职如谒者，太子出则为前导。晋时改掌图籍，隋改司经局洗马，

至清末废。

131 **醯**（xī）：醋。

132 **《宋录》**：周靖民言为南朝齐王智深撰，不知何据。检《南齐书》《南史》等书，皆言王智深撰《宋纪》。又《茶经述评》称《隋书·经籍志》著录《宋录》，亦遍检不见。布目潮沨言《宋录》或为南朝梁裴子野《宋略》之误。按：《旧唐书》卷四六著录《宋拾遗录》十卷，谢绰撰"，未知《宋录》是否为其略称。

133 **王微**：415—443，南朝宋琅玡临沂（今山东临沂）人，字景玄，"少好学，无不通览，善属文，能书画，兼解音律、医方、阴阳、术数"。南朝宋文帝（424—453年在位）时，曾为人荐任中书侍郎、吏部郎等，皆不愿就。死后追谥秘书监。《宋书》卷六二有传。王微有《杂诗》二首，《茶经》所引为第一首。按：本篇最初所列人名总目中漏列王微名。

134 **《玉台新咏》**卷三载该诗共计28句，陆羽节录最后4句。文字略有不同，如"高阁"作"高门"，"收领"作"收颜"。全诗描写一个采桑妇女，怀念从征多年久久未归的丈夫，最后只好寂寞地掩上高阁之门，孤苦伶仃地守着广厦。如果征夫再不回来，她将容颜苍老地就槚了。"就槚（jiǎ）"有二解：一说喝茶，一说行将就木之义。

135 **鲍照**：南朝宋文学家。

136 **南齐世祖武皇帝遗诏**：《南齐书》卷三载南朝齐武帝萧赜于永明十一

年（493）七月临死前所写此遗诏，文字略有不同。

137 **灵座**：指新丧落葬，供神主的几筵。

138 **晋安王**：即南朝梁武帝第二子萧纲（503—551），初封为晋安王，长兄昭明太子萧统于中大通三年（531）卒后，继立为皇太子，后登位，称简文帝，在位仅 2 年。

启：古时下级对上级的呈文、报告。这里是刘孝绰感谢晋安王萧纲颁赐米、酒等物品的回呈，事在 531 年以前。

139 **传诏**：官衔名，有时专设，有时临事派遣。

140 **菹（zū）**：腌菜，肉酱。

酢（cù）：古"醋"字，酸醋。

141 **气苾（bì）新城，味芳云松**：新城的米非常芳香，香高入云。苾，芳香。新城，历史上有多处，布目潮沨解为浙江新城县（在今浙江杭州富阳），这里所产米质很好，且唐欧阳询《艺文类聚》卷八五载有梁庾肩吾《谢湘东王赉米启》"味重新城，香逾涝水"，可见当时新城米颇有名。云松，形容松树高耸入云。

142 **江潭抽节，迈昌荇之珍**：前句指竹笋，后句说莛的美好。迈，越过。昌，通"菖"，香菖蒲，古时有做成干菜吃的。荇，多年生水草，龙胆科荇属，古时常用的蔬菜。

143 **疆埸（yì）擢翘，越葺精之美**：田园摘来的最好的瓜，特别的好。疆埸，田地的边界，大界叫疆，小界叫埸。擢，拔，这里作摘取解。翘，

翘首，超群出众。葺，本意是用茅草加盖房屋，周靖民解作积聚、重叠。葺精，加倍的好。

144 **羞非纯（tún）束野麕（jūn），裹（yì）似雪之驴**：送来的肉脯，虽然不是白茅包扎的獐鹿肉，却是包裹精美的雪白干肉脯。典出《诗经·召南·野有死麕》："野有死麕，白茅纯束。"羞，珍馐，美味的食品。纯，包束。麕，同"麋"，獐子。裹，缠裹。

145 **鲊（zhǎ）异陶瓶河鲤**：鲊，腌制的鱼或其他食物。河鲤，《诗经·陈风·衡门》："岂食其鱼，必河之鲤。"黄河出产的鲤鱼，味鲜美。

146 **操如琼之粲**：馈赠的大米像琼玉一样晶莹。操，拿着。琼，美玉。粲，上等白米，精米。

147 **茗同食粲**：茶和精米一样的好。

148 **酢（cù）类望柑**：柑，柑橘。馈赠的醋像看着柑橘就感到酸味一样的好。

149 **免千里宿舂，省三月粮聚**：这是刘孝绰概括地说颁赐的八种食品可以用好几个月，不必自己去筹措收集了。千里、三月是虚数词，未必恰如其数。典出《庄子·逍遥游》："适百里者宿舂粮，适千里者三月聚粮。"

150 **懿（yì）**：美、善。

151 **《杂录》**：是书不详。惟《太平御览》卷八六七所引称陶氏此书为《新录》。

152 **莼（chún）羹**：莼菜做的羹。莼

乃水莲科菂属，春夏之际，其叶可食用。

153 后魏杨衒之《洛阳伽蓝记》和《北史·王肃传》对此事有更详细的记载。茗不堪与酪为奴：夸奖北方的奶酪美好，贬低南方茶茗。

154 《桐君录》：全名为《桐君采药录》，或简称《桐君药录》，药物学著作，南朝梁陶弘景《本草序》曰："又有《桐君采药录》，说其花叶形色，《药对》四卷，论其佐使相须。"（《政和经史证类本草》卷一《梁陶隐居序》）当成书于东晋（4世纪）以后，5世纪以前。陆羽将其列在南北朝各书之间。

155 西阳：西阳国，西晋元康（291—299）初分弋阳郡置，属豫州，治所在西阳县（今河南光山西南）。永嘉（307—312）后与县同移治今湖北黄州东，东晋改为西阳郡。

武昌：郡名，三国吴分江夏郡六县置，属荆州，治所武昌县（今湖北武汉江夏区），旋改江夏郡。西晋太康（280—289）初又改为武昌郡。东晋属江州，南朝宋属郢州。

庐江：庐江郡，楚汉之际分九江郡置，汉武帝后治舒（今安徽庐江西南三十里城池乡），东汉末废。三国魏置庐江郡属扬州，治六安县（在今安徽六安北十里城北乡）。三国吴所置庐江郡治皖县（今潜山）。西晋时将魏、吴所置二郡合并，移治舒县（今安徽舒城）。南朝宋属南豫州，移治灊（今安徽霍山东北）。

南朝齐建元二年（480）移治舒县。南朝梁移治庐江县（今安徽庐江），属湘州。

晋陵：郡名。西晋永嘉五年（311）因避讳改毗陵郡置，属扬州，治丹徒（今江苏丹徒南丹徒镇）。东晋太兴初（318）移治京口（今江苏镇江），义熙九年（413）移治晋陵县（今江苏常州）。辖境相当于今江苏镇江、常州、无锡、丹阳、武进、江阴、金坛等市县。南朝宋元嘉八年（431）改属南徐州。

156 清茗：不加葱、姜等佐料的清茶。

157 天门冬：多年生草本植物，可药用，去风湿寒热，杀虫，利小便。

拔揳：别名金刚骨、铁菱角，属百合科，多年生草本植物，根状茎可药用，能止渴，治痢。

158 巴东：郡名，东汉建安六年（201）改永宁郡置，属益州，治鱼腹（今重庆奉节东白帝城），辖境相当于今重庆万州、开县、云阳、巫溪等区县。

159 大皂李：即皂荚，其果、刺、子皆入药。

并冷：《本草纲目》引作"并冷利"，清凉爽口的意思。

160 交、广：交州和广州。据《晋书·地理志下》载：交州东汉建安八年（203）始置，吴黄武五年（226）割南海、苍梧、郁林三郡立广州，交趾、日南、九真、合浦四郡为交州。及孙皓，又立新昌、武平、九德三郡，交州统郡七，治龙编县

（今越南河内东）。辖境相当于今广西钦州地区、广东雷州半岛，越南北部、中部地区。

161 香茅（mào）辈： 各种芳香佐料。

162《坤元录》：《宋史·艺文志》记其为唐魏王李泰撰，共十卷。宋王应麟《玉海》卷一五认为此书"即《括地志》也，其书残缺，《通典》引之。"

163 辰州： 唐时属江南道，唐武德四年（611）置，五年分辰溪置溆浦，今湖南仍有溆浦县。

无射山： 无射，东周景王时的钟名，可能此山像钟而名。

164《括地图》： 当为《括地志》，宋王应麟《玉海》卷一五认为是同一书。按：本条内容《太平御览》卷八六七引作《括地图》，南宋王象之《舆地纪胜》卷五五引作《括地志》。《括地志》，唐魏王李泰命萧德言、顾胤等四人撰，贞观十五年（641）撰毕，表上唐太宗。计五百五十卷，《序略》五卷。

165 临蒸县： 原本作"临遂县"，查历代中国无这一县名。南宋王象之《舆地纪胜》卷五五引作《括地志》："临蒸县百余里有茶溪"，据改。《旧唐书》卷二〇《地理志三》记载：吴分蒸阳立临蒸县，隋改为衡阳县，唐初武德四年（621）复为临蒸，开元二十年（732）再改称衡阳县，为衡州治所。按：贺次君《括地志辑校》卷四《衡州·林蒸县》注《太平御览》卷八六七引为"林蒸县"，实际影宋本《太平御

览》引作"临城县"。

166 乌程县： 吴兴郡治所在，在今浙江湖州。

温山： 在市北郊区白雀乡与龙溪交界处。

167《夷陵图经》： 夷陵，郡名，隋大业三年（607）改峡州置，治夷陵县（今湖北宜昌西北）。辖境相当于今湖北宜昌、枝城、远安等市县。唐初改为峡州，天宝间改夷陵郡，乾元初（758）复改峡州。

168 黄牛： 黄牛山，南朝宋盛弘之《荆州记》云："南岸重岭叠起，最大高岸间，有石色如人负刀牵牛，人黑牛黄，成就分明。"故名。《大清一统志》谓"在东湖县（今宜昌）西北八十里"，即西陵峡上段空岭滩南岸。

荆门： 荆门山，北魏郦道元《水经注》卷三四："江水束楚荆门、虎牙之间，荆门山在南，上合下开，若门。"《大清一统志》卷二七三载："在东湖县（今宜昌）东南三十里。"

女观： 女观山，北魏郦道元《水经注》卷三四："（宜都）县北有女观山，厥处高显，回眺极目。古老传言，昔有思妇，夫官于蜀，屡愆秋期，登此山绝望，忧感而死，山木枯悴，鞠为童枯，乡人哀之，因名此山为女观焉。"

望州： 望州山，在东湖县（今宜昌）西，即今西陵山，在宜昌南津关附近，西陵峡出口处北岸。登山顶可以望见归、峡两州，故名。

169 《永嘉图经》：隋唐时期的温州地方志，已散佚。

170 永嘉县：永嘉郡，东晋太宁元年（323）分临海郡置，治永宁县（今浙江温州），隋开皇九年（589）废，唐天宝初改温州复置，乾元元年（758）又废。永嘉县，隋开皇九年（589）改永宁县置，唐高宗上元二年（675）为温州治。《光绪永嘉县志》卷二《舆地志·山川》："茶山，在城东南二十五里，大罗山之支。（谨按：《通志》载'白茶山'，《茶经》：'《永嘉图经》：县东三百里有白茶山'，而里数不合，旧府县亦未载，附识俟考。）"

171 淮阴：楚州淮阴郡，治山阳县（在今江苏淮安）。

172 茶陵：县名，西汉武帝封长沙王子刘䜣为侯国，后改为县，属长沙国，治所在今湖南茶陵东古营城。东汉属长沙郡。三国属湘东郡。隋废。唐圣历元年（698）复置，属衡州，移治今湖南茶陵。唐李吉甫《元和郡县图志》卷三〇："茶陵县，以南临茶山，故名。"《茶陵图经》：南宋罗泌《路史》引为《衡[州]图经》，文字基本相同。

173 《本草·木部》：《茶经》中所引《本草》为徐勣、苏敬（宋代避讳改其名为"恭"）等修订的《新修本草》。唐高宗显庆二年（657），采纳苏敬的建议，诏命长孙无忌、苏敬、吕才等23人在《神农本草经》及其《集注》的基础上进行修订，以英国公徐勣为总监，显庆四年（659）编成，颁行全国，是我国第一部由国家颁行的药典，全书共五十四卷。后世又称《唐本草》，或《唐英公本草》。下文所引"菜部"亦为同书。

174 瘘（lòu）疮：瘘，瘘管，人体内因发生病变生成的管子，"瘘病之生……久则成脓而溃漏也"（隋巢元方等《巢氏诸病源候总论》卷三四）。疮，疮疖，多发生溃疡。

175 《本草·菜部》：指唐《新修本草·菜部》。

176 一名荼：苦菜在古代本来叫"荼"，《尔雅·释草》"荼，苦菜"。

177 选：植物名，不详何解。

178 游冬：苦菜，因为在秋冬季低温时萌发，经过春季至夏初成熟，所以别名"游冬"。魏张揖《广雅》卷一〇《释草》云："游冬，苦菜也。"北宋陆佃《埤雅》卷一七《释草》云："荼，苦菜也。苦菜，生于寒秋，经冬历春，至夏乃秀。《月令》：'孟夏苦菜秀'，即此是也。此草凌冬不凋，故一名游冬。凡此则以四时制名也。《颜氏家训》曰：'菜叶似苦苣而细，断之有白汁，花黄似菊。'"

179 益州：隋蜀郡，唐武德元年（618）改为益州，天宝初又改为蜀郡，至德二载（757）改为成都府。即今四川成都。

180 注云："注云"以上是《唐本草》照录《神农本草经》的原文，"注云"以下是陶弘景《神农本草经集注》文字。

181 **《本草》注**：是《唐本草》所作的注。

182 **谁谓荼苦**：出自《诗经·邶风·谷风》："谁谓荼苦，其甘如荠"。

183 **堇荼如饴**：出自《诗经·大雅·绵》："周原膴膴，堇荼如饴。"描述周族祖先在周原地方采集堇菜和苦菜吃。

184 **《枕中方》**：南宋《秘书省续编到四库书目》著录有"孙思邈《枕中方》一卷，阙"。有医书引录《枕中方》中的单方。而《新唐书·艺文志》《宋史·艺文志》《通志》《崇文总目》皆著录为孙思邈《神枕方》一卷，叶德辉考证认为二书即是一书二名。

185 **《孺子方》**：小儿医书，具体不详。《新唐书·艺文志》有"孙会《婴孺方》十卷"，《宋史·艺文志》有"王彦《婴孩方》十卷"，当是类似医书。

186 **惊蹶**：一种有痉挛症状的小儿病。发病时，小儿神志不清，手足痉挛，常易跌倒。

三皇　炎帝神农氏

周　鲁国周公姬旦，齐国国相晏婴

汉　仙人丹丘子、黄山君，孝文园令司马相如，执戟郎扬雄

吴　归命侯孙皓，太傅韦曜

晋　惠帝司马衷，司空刘琨，琨侄兖州刺史刘演，黄门侍郎张载，司隶校尉傅咸，太子洗马江统，参军孙楚，记室左思，吴兴陆纳，纳侄会稽内史陆俶，冠军谢安，弘农太守郭璞，扬州牧桓温，中书舍人杜育，武康小山寺释法瑶，沛国夏侯恺，余姚虞洪，北地傅巽，丹阳弘君举，乐安任瞻，宣城秦精，敦煌单道开，剡县陈务妻，广陵老姥，河内山谦之

后魏　琅琊王肃

宋　新安王子鸾，鸾兄豫章王子尚，鲍照妹令晖，八公山沙门昙济

齐　世祖武帝萧赜

梁　廷尉刘孝绰，贞白先生陶弘景

唐　英国公徐勣

《神农食经》记载："长期饮茶，使人精力饱满、心情愉悦。"

周公《尔雅》记载："槚，就是苦茶。"

《广雅》记载："荆州、巴州一带，采摘茶叶制成茶饼，叶子老的，做茶饼时，要加用米糊才能制成。想煮茶饮用时，先烤炙茶饼至呈现红色，捣成碎末放置于瓷器中，冲入沸水浸泡。或放些葱、姜、橘子拌和着浸泡。喝了它可以醒酒，使人兴奋不想睡觉。"

《晏子春秋》记载："晏婴担任齐景公的国相时，吃的是糙米饭，和三五样禽鸟禽蛋、茶和蔬菜而已。"

汉司马相如《凡将篇》在药物类中记载："乌喙、桔梗、芫华、款冬、贝母、木蘗、蒌、芩草、芍药、桂、漏芦、蜚廉、藿菌、荈诧、白敛、白芷、菖蒲、芒硝、莞椒、茱萸。"

汉扬雄《方言》记载："蜀西南人把茶称为蔎。"

《三国志·吴书·韦曜传》记载："孙皓每次设宴，坐客人人要饮酒七升，即使不全部喝下去，也都要浇灌完毕。韦曜酒量不超过二升。孙皓当初非常尊重他，暗地里赐茶以代酒。"

《晋中兴书》记载："陆纳任吴兴太守时，卫将军谢安常想拜访陆纳。（《晋书》说：陆纳为吏部尚书。）陆纳的侄子陆俶奇怪他没什么准备，但又不敢询问，便私自准备了十多人的菜肴。谢安来后，陆纳仅仅用茶和果品

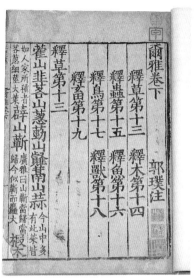

爾雅卷下　　郭璞注

釋草第十三　　釋木第十四

釋蟲第十五　　釋魚第十六

釋鳥第十七　　釋獸第十八

釋畜第十九

釋草第十三

萑山韭茖山葱蒚山䪥藄南山蒜　今山中多有此菜皆

如人家所種者　廣雅曰山䪥當歸當歸

茖葱細莖大葉　䪥山䪥　歸今似䪥而麤大　根木

《尔雅》，[晋] 郭璞注，南宋国子监大字刊本

169

招待。陆俶于是摆上丰盛的菜肴，各种精美的食物都有。等到谢安走后，陆纳打了陆俶四十棍，说：'你既然不能给叔父增光，为什么还要玷污我清白的操守呢？'"

《晋书》记载："桓温任扬州牧时，性好节俭，每次请客宴会，只设七盘茶果而已。"

《搜神记》记载："夏侯恺因病去世，同族人苟奴能够看见鬼神，看见夏侯恺来取马匹，使他的妻子也生了病。苟奴看见他戴着平顶头巾，穿着单衣，进屋坐到生前常坐的靠西墙的大床上，向人要茶喝。"

刘琨《与兄子南兖州刺史演书》中写道："先前收到你寄来的安州干姜一斤、桂一斤、黄芩一斤，都是我所需要的。我身体不适心情烦闷时，常常仰靠好茶来提神解闷，你可以多置办一些。"

傅咸《司隶教》中说："听说南市有四川老妇煮茶粥售卖，廉事把她的器皿打破，之后她又在市中卖饼。禁卖茶粥为难四川老妇，这究竟是为什么呢？"

《神异记》记载："余姚人虞洪进山采茶，遇见一道士，牵着三头青牛。道士领着虞洪来到瀑布山，说：'我是丹丘子，听说你善于煮茶饮，常想请你送些给我品尝。山中有大茶，可以供你采摘。希望你日后有喝不完的茶时，能送些给我喝。'虞洪于是以茶作祭品进行祭祀，后来经常叫家人进山，果然采到大茶。"

左思《娇女诗》云："我家有娇女，肤色很白净。小妹叫纨素，口齿很伶俐。姐姐叫蕙芳，眉目美如画。跑跳园林中，未熟就摘果。爱花风雨中，顷刻百进出。心急欲饮茶，对炉直吹气。"

张孟阳《登成都楼》诗下半首云："请问扬雄的故居在何处？司马相如的故居是哪般模样？程郑、卓王孙两大豪门积累巨富，骄横奢侈可比王侯之家。他们的门前经常有连骑而来的贵客，镶嵌翠玉的腰带上佩挂名贵的刀剑。家中钟鸣鼎食，各种各样时新的美味精妙无比。秋季走进林中采摘柑橘，春天可在江边把竿垂钓。黑子的美味胜过龙肉酱，瓜果做的菜肴鲜美胜过蟹酱。芳香的茶茗胜过各种饮料，美味盛誉传遍全天下。如果寻求人生的安乐，成都这块乐土还是能够让人们尽享欢乐的。"

傅巽《七海》记载："山西的桃子，河南的苹果，齐地的柿子，燕地的板栗，恒阳的黄梨，巫山的红橘，南中的茶子，西极的石蜜。"

弘君举《食檄》说："见面寒暄应酬之后，应该先喝沫白如霜的好茶；酒过三巡，应该再陈上甘蔗、木瓜、元李、杨梅、五味、橄榄、悬豹、葵羹各一杯。"

孙楚《歌》云："茱萸出佳木顶，鲤鱼产在洛水泉。白盐出产于河东，美豉出于鲁地湖泽。姜、桂、茶荈出产于巴蜀，椒、橘、木兰出产在高山。蓼苏生长在沟渠，精米出产于田中。"

华佗全身像，[明] 陈嘉谟编《图像本草蒙筌》，1628 年

华佗《食论》说："长期饮茶，能增益思维能力。"

壶居士《食忌》说："长期饮茶，能使人飘飘欲仙；茶与韭菜同时吃，会使人体重增加。"

郭璞《尔雅注》说："茶树小如栀子，冬季叶不凋零，所生叶可煮羹汤饮用。现在把早采的叫作茶，晚采的叫作茗，或者叫作荈，蜀地的人称之为苦茶。"

《世说》记载："任瞻，字育长，年少时有美好的声誉，自从过江南渡有点恍恍惚惚失去神智。一次饮茶的时候，他问人说：'这是茶，还是茗？'当看到别人奇怪不解的神情时，便自己分辩说：'刚才问的是茶是热还是冷。'"

《续搜神记》记载："晋武帝时，宣城人秦精，经常进入武昌山采茶。遇见一个毛人，一丈多高，领他到山下，把茶树丛指给他看后离开。过了一会儿又回来，从怀中拿出橘子送给秦精。秦精很害怕，赶紧背着茶叶返回。"

《晋四王起事》记载："（赵王之乱时）惠帝逃难到外面，再回到洛阳时，黄门用粗陶碗盛着茶献给他喝。"

《异苑》记载："剡县陈务的妻子，青年时就带着两个儿子守寡，喜欢饮茶。因为住处有一古墓，每次饮茶时总先奉祭它。两个儿子对此感到很厌烦，说：'古墓知道什么？这么做真是白花力气！'想把古墓挖掉。母亲苦苦相劝，得以制止。当夜，母亲梦见一人说：'我住在这墓里三百多年了，你的两个儿子总要毁掉它，幸亏你保护，又让我享用好茶，我虽然是地下的朽骨，但不会忘记你的恩情不报。'天亮后，在院子里得到了十万铜钱，看起来像是埋在地下很久了，只有穿钱的绳子是新的。母亲把这件事告诉两个儿子，他们都感到很惭愧，从此更加诚心地以茶祭祷。"

《广陵耆老传》记载："晋元帝时，有一老妇人，每天早晨独自提着一器皿的茶，到市上去卖。市里的人争着买她的茶。从早到晚，器皿中的茶都不减少。她把赚得的钱分送给路旁的孤儿、穷人和乞丐。有人觉得她的行为不可思议，向官府报告，州的官吏把她捆送监狱。到了夜晚，老妇人手提卖茶的器皿，从监狱窗口飞了出去。"

《晋书·艺术传》记载："敦煌人单道开，不怕严寒和酷暑，经常服食小石子。所服药有松、桂、蜜的香气，所饮用的只是茶饮和紫苏而已。"

释道说《续名僧传》记载："南朝宋时的和尚法瑶，本姓杨，河东人。元嘉年间过江，遇见了沈演之，请沈演之到武康小山寺。这时法瑶已年近70岁，拿饮茶当饭。大明年间，南朝宋孝武帝诏令吴兴官吏将法瑶礼送进京，那时他年纪为79岁。"

宋《江氏家传》记载："江统，字应元。升任愍怀太子洗马，经常上疏。曾经劝谏道：'现在西园里面卖醋、面、蓝子、菜、茶之类的东西，有损国家体统。'"

《宋录》记载："新安王刘子鸾、豫章王刘子尚到八公山拜访昙济道人，昙济设茶招待。子尚品尝后说：'这是甘露啊，怎么能说是茶呢？'"

王微《杂诗》云："静静关上楼阁的门，孤单一人守着空空的大屋子。等着你却最终不回来，只得失望地去饮茶。"

鲍照的妹妹鲍令晖写了篇《香茗赋》。

南齐世祖武皇帝的遗诏曰："我的灵座上一定不要杀牲作祭品，只须供上饼果、茶饮、干饭、酒脯就可以了。"

梁刘孝绰《谢晋安王饷米等启》呈文中说："传诏李孟孙宣布了您的告谕，赏赐给我米、酒、瓜、笋、菹、脯、酢、茗等八种食品。新城的米非常芳香，香高入云。水边初生的竹笋，鲜美胜过香菖蒲、荇菜。田里摘来最好的瓜，加倍的美味。肉脯虽然不是白茅包扎的獐鹿肉，却是包裹精美雪白的干肉脯。白茅束捆的野鹿虽好，哪及您惠赐的肉脯？腌鱼比陶瓶里装的黄河鲤鱼更加美味，馈赠的大米像琼玉一样晶莹。茶和精米一样的好，馈赠的醋像看着柑橘就感到酸味一样的好。您赏赐的这八种食物如此丰富，使我好长时间都不必自己去筹措收集了。我记着您的恩惠，您的大德我永远难忘。"

陶弘景《杂录》说："苦茶能使人轻身换骨，从前丹丘子、黄山君都饮用它。"

《后魏录》记载："琅琊人王肃在南朝做官时，喜欢

杨雄像

176

饮茶，喝莼菜羹。等到回到北方，又喜欢吃羊肉，喝羊奶。有人问他：'茶比奶酪怎么样？'王肃说：'茶无法和奶酪相比，只配给奶酪做奴仆。'"

《桐君录》记载："西阳、武昌、庐江、晋陵等地人都喜欢饮茶，有客人来时主人会用清茶招待。茶有汤花浮沫，喝了对人有益。凡是可作饮料的植物，大都是采用它的叶子，而天门冬、拔揳却是用其根，都对人有益。此外，巴东地区另有一种真正的好茶，煮饮后能使人不睡。另有一种习俗是把檀木叶和大皂李叶煎煮当茶饮，两者都很清凉爽口。还有南方的瓜芦树，也很像茶，味道非常苦涩，采来加工成末当茶一样煎煮了喝，也可以使人整夜不睡。煮盐的人全靠喝这种茶饮，而交州和广州一带最重视这种茶饮，客人来了都先用它来招待，还会在其中添加各种芳香佐料。"

《坤元录》记载："辰州溆浦县西北三百五十里，有无射山，当地土人风俗，每逢吉庆的时日，亲族都到山上集会歌舞。山上有很多茶树。"

《括地图》记载："临蒸县东一百四十里处，有茶溪。"

山谦之《吴兴记》记载："乌程县西二十里有温山，出产上贡的御茶。"

《夷陵图经》记载："黄牛、荆门、女观、望州等山，都出产茶叶。"

《永嘉图经》记载："永嘉县以东三百里有白茶山。"

《淮阴图经》记载:"山阳县以南二十里有茶坡。"

《茶陵图经》说:"茶陵,就是陵谷中生长着茶的意思。"

《本草·木部》记载:"茗,就是苦茶。味甘苦,性微寒,无毒。主治瘘疮,利尿,去痰,解渴,散热,使人少睡。秋天采摘的味苦,能通气,助消化。"原注说:"春天采茶。"

《本草·菜部》记载:"苦菜,又叫荼,又叫选,又叫游冬,生长在益州的河谷、山陵和道路旁,寒冬也不会冻死。三月三日采摘,制干。"陶弘景注:"可能这就是现今所称的茶,又叫荼,喝了使人不睡。"《本草》注云:"按《诗经》中所说'谁谓荼苦''堇荼如饴'的'荼',指的都是苦菜。陶弘景所言称苦茶,是木本植物,不是菜类。茗,春季采摘,称为苦槚(音途遐反)。"

《枕中方》记载:"治疗多年的瘘疾,用苦茶和蜈蚣一同烤炙,等到烤熟发出香味,分成相等的两份,捣碎筛末,一份加甘草煮水擦洗,一份直接以末外敷。"

《孺子方》记载:"治疗小儿不明原因的惊厥,用苦茶和葱须一起煎水服用。"

《调琴啜茗图》（局部），[唐] 周昉，绢本设色，纵 28 厘米，横 75.3 厘米，美国纳尔逊 - 阿特金斯艺术博物馆藏

在本章中，陆羽汇集了至他那个时期所可见到的绝大部分茶史料，自有史以来至初唐的茶历史文献资料四十八则，对人们全面了解中国茶叶历史文化，有着重要的意义。其中有些资料现在已经不见，所以《茶经》还保存了一些难得的史料。

四十八则史料分见于多类书籍文献中，自先秦诸子百家中的《晏子春秋》，到秦汉以来的字书、医药书、史书、小说、诗文、僧史、地志、经方等种类的书籍，让人看到茶历史文化的多姿多彩。虽然有人列出少数几则陆羽未曾收录的史料，认为《七之事》不够完全，就古人所具有的图书资料条件而言，未免有点太苛责了。

对于所收的四十八则茶史实，陆羽的编排顺序是很有历史感的。与名人相关的茶事茶文，基本上按时间顺序来排列，而其他不以名人茶事著名的图记、图经、本草书、医方等类书，则先分类编排，在同一类中再按时间排列。这种有类有序的编排，可以说是陆羽《茶经》之前的茶史长编，为其大力提倡的茶饮文化提供了有力的历史支持，也更能帮助读者深入了解与掌握茶史茶事，从而更有深度地去感受茶的历史文化内涵。

《七之事》近五十则资料最主要的作用，一是让人们从历史文献的记载中，看到并印证茶文化的各方面内容。一如节俭，晏婴、陆纳、桓温、南朝齐世祖武帝萧赜等人，都曾用茶来表示自己的节俭生活。二是将茶用于祭祀，如齐武帝遗诏设茶为祭、剡县陈务妻以茶奠古墓、余姚人虞洪遇仙人等事迹中以茶祭供的行为，直接影响到唐代形成明确的以茶供佛、祀神以及多种祭祀礼仪。宋以后，以茶致祭也进入到士大夫的家礼之中，成为中国礼仪习俗中的一个组成部分。三是特别值得注意的，本章所记茶事中有多条资料指向茶对人修炼的作用，如广陵老姥能够提着茶器飞行，仙人丹丘子请虞洪祀之以茶，单道开服食的物品中有茶苏，陶弘景《杂录》更是明言"苦茶轻身换骨"，等等。这些事迹，很快就在唐代诗人卢仝的著名茶诗《走笔谢孟谏议寄新茶》中凝练为茶能使人羽化升仙的文学意象："七碗吃不得也，唯觉两腋习习清风生。蓬莱山，在何处，玉川子乘此清风欲归去。"从此，饮茶能使人风生两腋的意象，成为中国茶文学中的一个经典。四是所记交广地区以茶待客的习俗，晋人南渡在石头城以茶迎后渡者的记载，表明在南方产茶地区饮茶的普泛以及客来设茶习俗形成时间之早。而陆纳以茶待客以显清素简朴，则又给以茶待客的行为注入了清简的含义。

云南勐海茶山古茶树

名人茶事有着强大的示范作用和心理暗示，医药书、经方等方面的内容，则从医药的角度，对前面章节中述及的茶叶的各种功用，起到了专业论证的作用。而诗文等文学作品对于茶饮的描述，极其生动形象。特别是左思《娇女诗》对于两个娇美小女儿急于饮茶的生动描绘："心为茶荈剧，吹嘘对鼎𨩋"，因为急于想喝到茶，所以也顾不得地上的尘土和炉中的烟灰，而去对着炉火吹气助燃，以便能早早喝到茶汤。如此生动鲜活的形象充满了感染力。而地记、图经等地理书中关于各地产茶的记载，又开启了下文唐代茶叶产区的篇章。

○八之出

山南[1]，以峡州上[2]，（峡州生远安、宜都、夷陵三县[3]山谷。）襄州、荆州次[4]，（襄州生南漳[5]县山谷，荆州生江陵县[6]山谷。）衡州[7]下，（生衡山[8]、茶陵二县山谷。）金州、梁州又下[9]。（金州生西城、安康二县山谷[10]，梁州生褒城、金牛二县山谷[11]。）

淮南[12]，以光州[13]上，（生光山县黄头港者[14]，与峡州同。）义阳郡、舒州次[15]，（生义阳县钟山者与襄州同[16]，舒州生太湖县潜山者与荆州同[17]。）寿州[18]下，（盛唐县生霍山[19]者与衡山同也。）蕲州、黄州又下[20]。（蕲州生黄梅县[21]山谷，黄州生麻城县[22]山谷，并与金州、梁州同也。）

浙西[23]，以湖州[24]上，（湖州，生长城县顾渚山谷[25]，与峡州、光州同；生山桑、儒师二坞[26]，白茅山、悬脚岭[27]，与襄州、荆州、义阳郡同；生凤亭山伏翼阁飞云、曲水二寺、啄木岭[28]，与寿州、衡州同；生安吉、武康二县山谷[29]，与金州、梁州同。）常州[30]次，（常州义兴县生君山悬脚岭北峰下[31]，与荆州、义阳郡同；生圈岭善权寺、石亭山[32]，与舒州同。）宣州、杭州、睦州、歙

185

州下³³，（宣州生宣城县雅山³⁴，与蕲州同；太平县生^{一二}上睦、临睦³⁵，与黄州同；杭州，临安、於潜二县生天目山³⁶，与舒州同；钱塘^{一三}生天竺、灵隐二寺³⁷，睦州生桐庐县³⁸山谷，歙州生婺源³⁹山谷，与衡州同。）润州、苏州又下⁴⁰。（润州江宁县生傲山⁴¹，苏州长洲县生洞庭山⁴²，与金州、蕲州、梁州同。）

剑南⁴³，以彭州⁴⁴上，（生九陇县马鞍山至德寺、棚口⁴⁵，与襄州同。）绵州、蜀州次⁴⁶，（绵州龙安县生松岭关⁴⁷，与荆州同；其西昌、昌明、神泉县西山者并佳⁴⁸，有过松岭者不堪采。蜀州青^{一四}城县生丈人山⁴⁹，与绵州同。青城县有散茶、木茶。）邛州⁵⁰次，雅州、泸州下⁵¹，（雅州百丈山、名山⁵²，泸州泸川^{一五 53}者，与金^{一六}州同也。）眉州、汉州又下⁵⁴。（眉州丹棱^{一七}县生铁山者⁵⁵，汉州绵竹县生竹山者⁵⁶，与润州同。）

浙东⁵⁷，以越州⁵⁸上，（余姚县生瀑布泉岭曰仙茗⁵⁹，大者殊异，小者与襄州^{一八}同。）明州、婺州次⁶⁰，（明州鄮县生榆筴村^{一九 61}，婺州东阳县东白^{二○}山与荆州同⁶²。）台州⁶³下。（台州始丰县^{二一}生赤城⁶⁴者，与歙州同。）

黔中⁶⁵，生思州^{二二}、播州、费州、夷州⁶⁶。

江南⁶⁷，生鄂州、袁州、吉州⁶⁸。

岭南⁶⁹，生福州、建州、韶州、象州⁷⁰。（福州生闽县方山之阴⁷¹也^{二三}。）

其思、播、费、夷、鄂、袁、吉、福、建^{二四}、韶、象十一州未详，往往得之，其味极佳。

校记

一　漳：原作"郑"，竟陵本作"郚"，《名书》本作"部"，仪鸿堂本作"彰"，今据《新唐书》卷三九《地理志》襄州南漳县条改。

二　襄：原本字迹模糊不清，似为"褒"之异体字，今据《新唐书》卷三九《地理志》梁州褒城县条改。

三　生：汪氏本此字置于句首。

四　金州：原本作"荆州"，按此处是淮南第四等茶叶与山南第四等茶叶相比，荆州所产茶为山南第二等，不当与其第四等梁州并列，而应当是同为第四等的金州，因据改。

五　西：《长编》本作"江"。

六　城：宜和堂本作"兴"。

顾渚：仪鸿堂本作"顾注"。

山谷：原作"上中"，今据竟陵本改。

七　生山桑、儒师二坞：四库本作"生乌瞻山、天目山"。秋水斋本于句首多一"若"字。桑，《大观》本作"柔"。坞，原本版面为墨丁，今据北宋乐史《太平寰宇记》卷九四"江南东道·湖州"长兴县条改。

八　荆州：原作"荆南"，按荆南为荆州节度使号，上文山南道言以"荆州"，据改。

九　阁：大观本作"关"。

一〇　衡州：原作"常州"。按：常州之茶尚未出现不能提前以之相比，且寿州之茶为三等，而常州之茶为二等，非是同一等级的茶，不能并提，而上文衡州与寿州乃是同一等级之茶，因据改。

188

一一 **义**：仪鸿堂本作"宜"。

兴：原作"与"，今据竟陵本改。

一二 **太平县生**：《名书》本作"生太平县"。

一三 **塘**：《名书》本作"唐"。

一四 **青**：原作"责"，今据竟陵本改。

一五 **川**：竹素园本作"山"，秋水斋本作"州"。

一六 **金**：仪鸿堂本作"荆"。

一七 **棱**：原作"校"，今据《旧唐书》卷四一眉州丹棱条改。按：《新唐书》卷四二及今县名作"丹棱"。

一八 **州**：《唐宋丛书》本作"县"。

一九 **赟**：《欣赏》本作"鄞"，《四库》本作"鄟"。

笑：喻政《茶书》本作"荚"。

二〇 **白**：原作"自"，竟陵本作"曰"，秋水斋本作"目"。按：清秘曾筠《浙江通志》卷一〇六引《茶经》作"东阳县东白山与荆州同"，今据改。

二一 **台州**：原作"始山"，今据竟陵本改。

始丰县：原作"豊县"，竟陵本作"鄟县"，《欣赏》本作"曹县"，今据《新唐书》卷四一台州唐兴县条及《唐会要》卷七一台州始丰县条改。

二二 **思州**：原作"恩州"，按恩州在岭南道，今据《新唐书》卷四一《地理志》黔中郡思州条改。下同。

二三 **福州生闽县方山之阴也**：原作"福州生闽方山之阴县也"，今据喻政《茶书》本改。之：竟陵本作"山"。

二四 **建**：原本于此字下衍一"泉"字，据汪氏本删。

189

注释

1 **山南**：唐贞观十道之一，因在终南、太华二山之南，故名。其辖境相当于今四川嘉陵江流域以东，陕西秦岭、甘肃嶓冢山以南，河南伏牛山西南，湖北涢水以西，自四川、重庆至湖南岳阳之间的长江以北地区。开元间分为东、西两道。按：唐贞观元年（627），分全国为十道，关内、河南、河东、河北、山南、陇右、淮南、江南、剑南、岭南，政区为道、州、县三级。开元二十一年（733），增为十五道，京畿、关内、都畿、河南、河东、河北、山南东道、山南西道、陇右、淮南、江南西道、江南东道、黔中、剑南、岭南。天宝初，州改称郡，前后又将一些道划分为几个节度使（或观察使、经略使）管辖，今称为方镇。乾元元年（758），又改郡为州。

2 **峡州上**：峡州，一名硖州，因在三峡之口得名，郡名夷陵郡，治所在夷陵县（今湖北宜昌）。辖今湖北宜昌、宜都、长阳、远安。《新唐书·地理志》载土贡茶。唐杜佑《通典》载："土贡茶芽二百五十斤。"唐李肇《唐国史补》卷下记载出产的名茶有碧涧、明月、芳蕊、茱萸簝、小江园茶。"上"，与下文的"次""下""又下"，是陆羽所评各州茶叶质量的四个等级，唐裴汶《茶述》把碧涧茶列为全国第二类贡品。

3 **远安、宜都、夷陵三县**：皆是唐峡州属县。远安县，今湖北远安。宜

190

都，今湖北宜都。夷陵，唐朝峡州
州治之所在，今湖北宜昌东南。

4　**襄州**：隋襄阳郡，唐武德四年（621）
改为襄州，领襄阳、安养、汉南、
义清、南漳、常平六县，治襄阳县
（今湖北襄樊市汉水南襄阳城）。天
宝初改为襄阳郡，十四年置御使。
乾元初复为襄州。上元二年（761）
置襄州节度使，领襄、邓、均、房、
金、商等州。自后为山南东道节度
使治所。

　　荆州：又称江陵郡，后升为江陵府。
是唐代的大都市之一，也是最大的
茶市之一。详《六之饮》荆州注。
唐乾元间（758—759），置荆南节
度使，统辖许多州郡。除江陵县产
茶外，所属当阳县清溪玉泉山产仙
人掌茶，松滋县也产碧涧茶，北宋
列为贡品。

5　**南漳**：约在今湖北西北部的南漳县。

6　**江陵县**：唐时荆州州治之所在，在
今湖北江陵。

7　**衡州**：隋衡山郡，唐武德四年（621），
置衡州，领临蒸、湘潭、来阳、新
宁、重安、新城六县，治衡阳县
（武德四年至开元二十年名为临蒸
县），即今湖南衡阳。天宝初改为衡
阳郡。乾元初复为衡州。按：衡州
在唐代前期由江陵都督府统管，江
陵属山南道，故陆羽把衡州列为此
道。至德二年（757），江陵尹卫伯
玉以湖南阔远，请于衡州置防御使，
自此八州（岳、潭、衡、郴、邵、
永、道、连）置使，改属江南西道。

《旧唐书》卷三九）

8　**衡山**：约在今湖南衡山。原属潭州，
后划入衡州。唐时县治在今朱亭镇
对岸。唐李肇《唐国史补》卷下载
名茶"湖南有衡山"，唐杨晔《膳
夫经手录》载衡山茶运销两广及越
南，唐裴汶《茶述》把衡山茶列为
全国第二类贡品。

9　**金州**：唐武德年间改西城郡为金
州，治西城县（今陕西安康）。辖
境相当于今陕西石泉以东、旬阳以
西的汉水流域。天宝初改为安康
郡，至德二年（757）改为汉南郡，
乾元元年（758）复为金州。《新唐
书·地理志》载金州土贡茶芽。唐
杜佑《通典》卷六载金州土贡"茶
芽一斤"。

　　梁州：唐属山南道，治南郑县（在
今陕西汉中东）。辖境相当于今陕
西汉中、南郑、城固、勉县及宁强
县北部地区。开元十三年（725）
改梁州为襄州，天宝初改为汉中
郡，乾元初复为梁州，兴元元年
（784）升为兴元府。《新唐书·地
理志》载土贡茶。

10　**西城县**：汉置县，到唐代地名未变，
唐代金州治所，即今陕西安康。

　　安康县：唐代金州属县，在今陕西
汉阴。汉安阳县，西晋改名安康
县，到唐前期未变更。至德二年
（757），改称汉阴县。

11　**襄城县**：唐贞观三年（629）改襄
中为襄城县，在今陕西汉中西北。
底本及诸校本所作"襄城"，隶河

南道许州，即今河南襄城，不属山南道梁州，而且不产茶。显系"襄""襄"形近之误。

金牛县： 唐武德三年（620）以县置褒州，析利州之绵谷置金牛县，八年州废，改隶梁州。宝历元年（825），并入西县（今勉县）为镇。

12 **淮南：** 唐代贞观十道、开元十五道之一，以在淮河以南为名，其辖境在今淮河以南、长江以北、西至湖北应山、汉阳一带地区，相当于今江苏北部、安徽河南的南部、湖北东部，治所在扬州（今江苏扬州）。

13 **光州：** 唐属淮南道，武德三年（620）改弋阳郡为光州，治光山县（今河南光山），太极元年（712）移治定城县（今河南潢川）。天宝初复为弋阳郡，乾元初又改光州。辖境相当于今河南潢川、光山、固始、商城、新县一带。

14 **光山县：** 隋开皇十八年（598）置县为光州治，即今河南光山县。

黄头港： 周靖民《茶经》校注称潢河（原称黄水）自新县经光山、潢川入淮河，黄头港在浒湾至晏家河一带。

15 **义阳郡：** 唐初改隋义阳郡为申州，辖区大大缩小，相当于今河南信阳市、县及罗山县。天宝初又改称义阳郡。乾元初复称申州。《新唐书·地理志》载土贡茶。

舒州： 唐武德四年（621）改同安郡置，治所在怀宁县（今安徽潜山），辖今安徽太湖、宿松、望江、桐

城、枞阳、岳西县和今怀宁县。天宝初复为同安郡，至德年间改为盛唐郡，乾元初复为舒州。据唐李肇《唐国史补》卷下记载，舒州茶已于 780 年以前运销吐蕃（今西藏、青海地区）。

16 **义阳县：** 唐申州义阳县，在今河南信阳南。

钟山： 山名。《大清一统志》卷一六八谓在信阳东十八里。

17 **太湖县：** 唐舒州太湖县，即今安徽太湖县。

潜山： 山名，北宋乐史《太平寰宇记》卷一二五："潜山在县西北二十里，其山有三峰，一天柱山，一潜山，一皖山。"南宋祝穆《方舆胜览》卷四九："一名潜岳，在怀宁西北二十里。"

18 **寿州：** 唐武德三年（620）改隋寿春郡为寿州，治寿春县（即今安徽寿县）。天宝初又改寿春郡。乾元初复称寿州。辖今安徽寿县、六安一带。《新唐书·地理志》载土贡茶。唐裴汶《茶述》把寿阳茶列为全国第二类贡品。唐李肇《国史补》卷下载，寿州茶已于 780 年以前运销吐蕃。

19 **盛唐县生霍山：** 盛唐县，原为霍山县，唐开元二十七年（739）改名盛唐县，并移县治于驺虞城（今安徽六安）。天宝元年（742），又另设霍山县。此处霍山为山名，在霍山县西北五里，又名天柱山。霍山在唐代产茶量多而著名，称为"霍

山小团""黄芽"。

20 **蕲州**：唐武德四年（621）改隋蕲春郡为蕲州，治蕲春（今湖北蕲春），天宝初改为蕲春郡，乾元初复为蕲州。辖今湖北蕲春、浠水、黄梅、广济、英山、罗田县地。《新唐书·地理志》载土贡茶。唐裴汶《茶述》把蕲阳茶列为全国第一类贡品。唐李肇《唐国史补》卷下载名茶有"蕲门团黄"，曾运销吐蕃。

黄州：唐初改隋永安郡为黄州，治黄冈县（今湖北新洲）。天宝初改为齐安郡，乾元初复为黄州。辖今湖北黄冈、麻城、黄陂、红安、大悟、新洲、区。

21 **黄梅县**：即今湖北黄梅。隋开皇十八年（598）改新蔡县置，唐沿之，唐李吉甫《元和郡县图志》卷二八称其"因县北黄梅山为名"。

22 **麻城县**：即今湖北麻城。隋开皇十八年（598）改信安县置，唐沿之。

23 **浙西**：唐贞观、开元间分属江南道、江南东道。乾元元年（758），置浙江西道、浙江东道两节度使方镇，并将江南西道的宣、饶、池州划入浙西节度。浙江西道简称浙西。大致辖今安徽、江苏两省长江以南、浙江富春江以北以西、江西鄱阳湖东北角地区。节度使驻润州（今江苏镇江）。

24 **湖州**：隋仁寿二年（602）置，大业初废。唐武德四年（621）复置，治乌程县（今浙江湖州）。辖境相当于今浙江湖州、长兴、安吉、德清东部地区。天宝初改为吴兴郡，乾元初复为湖州。《新唐书·地理志》载土贡紫笋茶。唐杨晔《膳夫经手录》："湖州紫笋茶，自蒙顶之外，无出其右者。"

25 **长城县**：即今浙江长兴。隋大业末置长州，唐武德四年（621）更置绥州，又更名雉州，七年州废，以长城属湖州。五代梁改名长兴县，与今名同。

顾渚山：唐代又称顾山。唐李吉甫《元和郡县图志》载："长城县顾山，县西北四十二里。贞元以后，每岁以进奉顾渚紫笋茶，役工三万人，累月方毕。"《新唐书·地理志》："顾山有茶，以供贡。"唐裴汶《茶述》把它与蒙顶、蕲阳茶同列为全国上等贡品。唐李肇《唐国史补》将其列为全国名茶，并载其运销吐蕃。

26 **山桑、儒师二坞**：长兴县的两个小地名，唐皮日休《茶坞》诗有曰："筤筹晓携去，蓦个山桑坞。"《茶人》诗有曰："果任獳师庌。"（《全唐诗》卷六一一）

27 **白茅山**：茅同"茆"，白茅山即白茆山，《同治湖州府志》卷一九记其在长兴县西北七十里。

悬脚岭：在今浙江长兴西北。悬脚岭是长兴与宜兴分界处，境会亭即在此。

28 **凤亭山**：《明一统志》卷四〇载其"在长兴县西北五十里，相传昔有凤栖于此。"

伏翼阁：《明一统志》卷四〇载长兴

县有伏翼涧，"在长兴县西三十九里，涧中多产伏翼。"按：涧、阁字形相近，伏翼阁或为伏翼涧之误。

飞云寺： 在长兴县飞云山，南朝宋元徽五年（477）置飞云寺。

曲水寺： 不详。唐人刘商有《曲水寺枳实》诗："枳实绕僧房，攀枝置药囊。洞庭山上橘，霜落也应黄。"（《万首唐人绝句》卷一五）

啄木岭： 明徐献忠《吴兴掌故集》言其在长兴"县西北六十里，山多啄木鸟"。（《浙江通志》卷一二引）

29 **安吉县：** 唐初属桃州，旋废。麟德元年（664）再置，属湖州（今浙江湖州安吉）。

武康县： 三国吴分乌程、余杭二县立永安县。晋改为永康，又改为武康。武德四年（621）置武州，七年州废，县属湖州。（《旧唐书》卷四〇）

30 **常州：** 唐武德三年（620）改毗陵郡为常州，治晋陵县（今江苏常州）。垂拱二年（686）又分晋陵县西界置武进县，同为州治。天宝初改为晋陵郡，乾元初复为常州。辖境相当于今江苏常州、武进、无锡、宜兴、江阴等地。《新唐书·地理志》载土贡紫笋茶。

31 **义兴县：** 汉阳羡县，唐属常州，即今江苏宜兴。常州所贡茶即宜兴紫笋茶，又称阳羡紫笋茶。《唐义兴县重修茶舍记》载，御史大夫李栖筠为常州刺史时，"山僧有献佳茗者，会客尝之，野人陆羽以为芬香甘辣，

冠于他境，可荐于上。栖筠从之，始进万两，此其滥觞也"（宋赵明诚《金石录》卷二九）。大历间，遂置茶舍于罨画溪。唐裴汶《茶述》把义兴茶列为全国第二类贡品。

君山： 北宋乐史《太平寰宇记》卷九二记常州宜兴"君山，在县南二十里，旧名荆南山，在荆溪之南"。

32 **善权寺：** 唐羊士谔有《息舟荆溪入阳羡南山游善权寺呈李功曹巨》诗："结缆兰香渚，挈侣上层冈。"（《全唐诗》卷三三二）宜兴丁蜀镇有兰渚，位于县东南。善权，相传是尧舜时的隐士。

石亭山： 宜兴城南一小山，明王世贞《弇州四部稿》（续稿）卷六〇《石亭山居记》记其在"城南之五里……其高与延袤皆不能里计"。

33 **宣州：** 唐武德三年（620）改宣城郡为宣州，治宣城县（今安徽宣城），辖境相当于今安徽长江以南，郎溪、广德以西，旌德以北、东至以东地。

杭州： 隋开皇九年（589）置，唐因之，治钱塘（今浙江杭州）。隋大业及唐天宝、至德间尝改余杭郡。辖境相当于今浙江杭州、余杭、临安、海宁、富阳、临安等地。

睦州： 唐武德四年（621）改隋遂安郡为睦州，万岁通天二年（697）移治建德县（今浙江建德东北五十里梅城镇），辖境相当于今浙江淳安、建德、桐庐等地。天宝元年（742）改称新定郡。乾元元年（758）复为

睦州。《新唐书·地理志》载土贡细茶。唐李肇《唐国史补》卷下载名茶"睦州有鸠坑"。鸠坑在淳安县西新安江畔。

歙州：唐武德四年（621）改隋新安郡为歙州，治歙县（今安徽歙县）。天宝初改称新安郡。乾元初复为歙州。辖境相当于今安徽新安江流域、祁门和江西婺源等地。唐杨晔《膳夫经手录》载有"新安含膏""先春含膏"，并说："歙州、祁门、婺源方茶，制置精好，不杂木叶，自梁、宋、幽、并间，人皆尚之。赋税所入，商贾所赍，数千里不绝于道路。"

34 雅山：又写作"鸦山""鸭山""丫山"，唐杨晔《膳夫经手录》："宣州鸭山茶，亦天柱之亚也。"五代毛文锡《茶谱》："宣城有丫山小方饼。"北宋乐史《太平寰宇记》卷一〇三记宁国县："鸦山出茶尤为时贡，《茶经》云味与蕲州同。"清尹继善、黄之隽等《江南通志》卷一六："鸦山在宁国县西北三十里。"

35 太平县：即今安徽黄山太平县。唐天宝十一载（752）分泾县西南十四乡置，属宣城郡。乾元初属宣州，大历中废，永泰中复置。

上睦、临睦：太平县二地名。舒溪（青弋江上游）的东源出自黄山主峰南麓，绕至东面北流，入太平县境，称为睦溪。经谭家桥、太平旧城，再北流，然后与舒溪西源合。上睦在黄山北麓，临睦在其北。

36 临安县：西晋始置，隋省，唐垂拱四年（688）复置，属杭州，即今杭州临安。

於潜县：汉始置，唐属杭州，县城在今浙江临安西六十里於潜镇，清末尚有此县，现已并入临安。

天目山：因山有两峰，峰顶各一池，左右相对，名曰天目。天目山脉横亘于浙西北、皖东南边境。有两高峰，即东天目山和西天目山，海拔都在1500米左右，东天目山在临安县西北五十余里，西天目山在旧於潜县北四十余里。

37 钱塘：南朝时改钱唐县置，隋开皇十年（590）为杭州治，大业初为余杭郡治，唐初复为杭州治，在今浙江杭州。

灵隐寺：在杭州市西十五里灵隐山下（西湖西）。南面有天竺山，其北麓有天竺寺，后世分建上、中、下三寺，下天竺寺在灵隐飞来峰。陆羽曾到过杭州，撰写有《天竺灵隐二寺记》。

38 桐庐县：即今浙江杭州桐庐。三国吴始置为富春县，唐武德四年（621）为严州治，七年州废，仍属睦州，开元二十六年（738）徙今桐庐县治。

39 婺（wù）源：唐开元二十八年（740）置，属歙州，治所即今江西婺源西北清华镇。

40 润州：隋开皇十五年（595）置，大业三年（607）废。唐武德三年（620）复置，治丹徒县（今江苏镇江）。天宝元年（742）改为丹阳郡。乾元元年（758）复为润州。建中三年（782）置镇海军。辖境相当于今江苏南京、句容、镇江、丹徒、丹阳、金坛等地。

苏州：隋开皇九年（589）改吴州置，治吴县（今江苏苏州西南横山东）。以姑苏山得名。大业初复为吴州，寻又改为吴郡。唐武德四年（621）复为苏州，七年徙治今苏州。开元二十一年（733）后，为江南东道治所。天宝元年（742）复为吴郡。乾元后仍为苏州。辖境相当于今江苏苏州、吴县、常熟、昆山、吴江、太仓、浙江嘉兴、海盐、嘉善、平湖、桐乡及上海大陆部分。

41 **江宁县**：在今江苏南京江宁。西晋太康二年（281）改临江县置，唐武德三年（620）改名归化县，贞观九年（635）复改白下县为江宁县，属润州。至德二年（757）为江宁郡治，乾元元年（758）为升州治，上元二年（761）改为上元县。

傲山：不详。周靖民《茶经》校注称在今南京市郊。

42 **长洲县**：唐武则天万岁通天元年（696）分吴县置，与吴县并为苏州治。1912年并入吴县。相当于今苏州吴县。

洞庭山：周靖民《茶经》校注称唐代仅指今所称的西洞庭山，又称包山，系太湖中的小岛。

43 **剑南**：唐贞观十道、开元十五道之一，以在剑门山以南为名。辖境包括今四川大部和云南、贵州、甘肃部分地区。采访使驻益州（今四川成都）。乾元以后，曾分为剑南西川、剑南东川两节度使方镇，但不久又合并。

44 **彭州**：唐垂拱二年（686）置，治九陇县（今四川彭州）。天宝初改为蒙阳郡。乾元初（758）复为彭州。辖境相当于今四川彭州、都江堰等地。

45 **九陇县**：唐彭州州治，即今四川彭州。

马鞍山：南宋祝穆《方舆胜览》载彭州西有九陇山，其五曰走马陇，或即《茶经》所言马鞍山。

至德寺：《方舆胜览》载彭州有至德山，寺在山中。

棚口：一作"堋口"，《大清一统志》卷二九二载："有堋嵝场，旧志在彭州西北二十五里。"堋口茶，唐代已著名，五代毛文锡《茶谱》云："彭州有蒲村、堋口、灌口，其园名仙崖、石花等，其茶饼小而布嫩芽如六出花者尤妙。"

46 **绵州**：隋开皇五年（585）改潼州置，治巴西县（今四川绵阳涪江东岸）。大业三年（607）改为金山郡。唐武德元年（618）改为绵州，天宝元年（742）改为巴西郡。乾元元年（758）复为绵州。辖境相当于今四川罗江上游以东、潼河以西江油、绵阳间的涪江流域。

蜀州：唐垂拱二年（686）析益州置，治晋原县（今四川崇州）。天宝初改为唐安郡。乾元初复为蜀州。辖境相当于今四川崇州、新津等地。蜀州名茶有雀舌、鸟觜、麦颗、片甲、蝉翼，都是散茶中的上品（五代毛文锡《茶谱》）。

47 **龙安县**：在今四川安县。唐武德三年（620）置，属绵州。天宝初属巴西郡，乾元以后属绵州。以县北有龙安山为名。五代毛文锡《茶谱》：“龙安有骑火茶，最上，言不在火前、不在火后作也。清明改火。故曰骑火。”

松岭关：唐杜佑《通典》卷一七六记其在龙安县“西北七十里”。唐初设关，开元十八年（730）废。周靖民《茶经》校注称，松岭关在绵、茂、龙三州边界，是川中入茂汶、松潘的要道。唐时有茶川水，是因产茶为名，源出松岭南，至安县与龙安水合。

48 **西昌**：在今四川安县东南四十里花荄镇，唐永淳元年（682）改益昌县置，属绵州。天宝初属巴西郡，乾元以后属绵州。北宋熙宁五年（1072）并入龙安县。

昌明：在今四川江油市南彰明镇，唐先天元年（712）因避讳改昌隆县置，属绵州。天宝初属巴西郡，乾元以后复属绵州。地产茶，唐白居易《春尽日》诗曰：“渴尝一碗绿昌明。”（《全唐诗》卷四五九）唐李肇《唐国史补》卷下载名茶有昌明兽目，并说昌明茶已于780年以前运往吐蕃。

神泉县：隋开皇六年（586）改西充国县置，以县西有泉14穴，平地涌出，治病神效，称为神泉，并以名县。唐因之，属绵州，治所在今四川安县南五十里塔水镇。天宝初属巴西郡，乾元以后复属绵州。元代并入安州。地产茶，唐李肇《唐国史补》卷下：“东川有神泉小团，昌明兽目。”西山：周靖民《茶经》校注称，岷山山脉在甘、川边境折而由北至南走向，在岷江与培江之间，位于四川北川、安县、绵竹、彭县、灌县以西，唐代称汶山。这里指安县以西的这一山脉。

49 **青城县**：唐开元十八年（730）改清城县置，属蜀州，治所在今四川都江堰（旧灌县）东南徐渡乡杜家墩子，因境内有著名的青城山为名。

丈人山：青城山有三十六峰，丈人峰是主峰。

50 **邛州**：南朝梁始置，隋废，唐武德元年（618）复置，初治依政县，显庆二年（657）移治临邛县（今四川邛崃）。天宝初改为临邛郡，乾元初复为邛州。辖境相当于今四川邛崃、大邑、蒲江等地。地产茶，五代毛文锡《茶谱》载：“邛州之临邛、临溪、思安、火井，有早春、火前、火后、嫩绿等上、中、下茶。”

51 **雅州**：隋仁寿四年（604）始置，大业三年（607）改为临邛郡。唐武德元年（618）复改雅州，治严道县（今四川雅安西），辖境相当于今四川雅安、芦山、名山、荥经、天全、宝兴等地。天宝初改为卢山郡，乾元初复为雅州。开元中置都督府。地产茶，《新唐书·地理志》载土贡茶。唐李吉甫《元和郡县图志》卷三二载："蒙山在（严道）县南一十里，今每岁贡茶，为蜀之最。"所产蒙顶茶与顾渚紫笋茶是唐代最著名的茶。唐杨晔《膳夫经手录》载："元和以前，束帛不能易一斤先春蒙顶。"唐裴汶《茶述》把蒙顶茶列为全国第一流贡茶之一。蒙山是邛崃山脉的尾脊，有五峰，在名山县西。

泸州：南朝梁大同中置，隋改为泸川郡。唐武德元年（618）复为泸州，治泸川县（今四川泸州）。天宝初改泸川郡，乾元初复为泸州。辖境相当于今四川沱江下游及长宁河、永宁河、赤水河流域。

52 百丈山：在名山县东北六十里。唐武德元年（618）置百丈镇，贞观八年（634）升为县。

名山：一名蒙山，鸡栋山，唐李吉甫《元和郡县图志》卷三二载：名山在名山县西北一十里，县以此名。百丈山、名山皆产茶，五代毛文锡《茶谱》言："雅州百丈、名山二者尤佳。"

53 泸川：泸川县（今四川泸州），隋大业元年（605）改江阳县置，为泸州州治所在，三年（607）为泸川郡治。唐武德元年（618）为泸州治。

54 眉州：西魏始置，隋废。唐武德二年（619）复置，治通义县（今四川眉山）。天宝初改为通义郡，乾元初复为眉州。辖境相当于今四川眉山、彭山、丹棱、青神、洪雅等地。地产茶，五代毛文锡《茶谱》言其饼茶如蒙顶制法，而散茶叶大而黄，味颇甘苦。

汉州：唐垂拱二年（686）分益州置，治雒县（今四川广汉）。辖境相当于今四川广汉、德阳、什邡、绵竹、金堂等地。天宝初改德阳郡，乾元初复为汉州。

55 丹棱县生铁山者：丹棱，隋开皇十三年（593）改洪雅县置，属嘉州，唐武德二年（619）属眉州，治所在今四川丹棱。铁山，当即铁桶山，在丹棱县东南四十里。

56 绵竹县：隋大业二年（606）改孝水县为绵竹县（今四川绵竹）。唐武德三年（620）属蒙州，蒙州废，改属汉州。

竹山：应为绵竹山，又名紫岩山、武都山。

57 浙东：唐代浙江东道节度使方镇的简称。乾元元年（758）置，治所在越州（今浙江绍兴），长期领有越、衢、婺、温、台、明、处七州。辖境相当于今浙江衢江流域、浦阳江流域以东地区。

58 越州：隋大业元年（605）改吴州置，大业间改为会稽郡，唐武德四年（621）复为越州，天宝、至德间曾改为会稽郡，乾元元年（758）

复改越州。辖境相当于今浙江浦阳江（浦江县除外）、曹娥江、甬江流域，包括绍兴、余姚、上虞、嵊州、诸暨、萧山等地。唐剡溪茶甚著名，产于所属嵊县。

59 **余姚县：** 秦置，隋废，唐武德四年（621）复置，为姚州治，武德七年（624）之后属越州。

瀑布泉岭： 在余姚，与《茶经·四之器》"瓢"条下台州瀑布山非一。北宋乐史《太平寰宇记》卷九六引本条称"瀑布岭"。

60 **明州：** 唐开元二十六年（738）分越州置，治鄞县（今浙江宁波的鄞江镇），唐李吉甫《元和郡县图志》卷二六："以境内四明山为名。"辖境相当于今浙江宁波、鄞州、慈溪、奉化等市区县和舟山群岛。天宝初改为余姚郡，乾元初复为明州。长庆元年（821）迁治今宁波。

婺州： 隋开皇九年（589）分吴州置，大业时改为东阳郡。唐武德四年（621）复置婺州，治金华（今浙江金华）。辖境相当于今浙江金华江流域及兰溪、浦江等地。天宝元年（742）改为东阳郡，乾元元年（758）复为婺州。地产茶，唐杨晔《膳夫经手录》记婺州茶与歙州等茶远销河南、河北、山西，数千里不绝于道路。

61 **鄮县：** 宁波之古称。秦置县。《大清一统志》："昔海人贸易于此，后加邑从鄮，因以名县。"隋废省，唐武德八年（625）复置，属越州，治

今浙江宁波的鄮江镇。开元二十六年（738）为明州治。大历六年（771）迁治今浙江宁波。五代钱镠避梁讳，改名鄞县。

榆笑村： 不详。

62 **东阳县：** 唐垂拱二年（686）析义乌县置，属婺州，治所即今浙江东阳。

东白山：《明一统志》卷四二记其"在东阳县东北八十里……西有西白山对焉"。东白山产茶，唐李肇《唐国史补》卷下载"婺州有东白"名茶。

63 **台州：** 唐武德五年（622）改海州置，治临海县（今浙江临海）。以境内天台山为名。辖境相当于今浙江临海、台州及天台、仙居、宁海、象山、三门、温岭六地。天宝初改临海郡，乾元初复为台州。

64 **始丰县生赤城：** 始丰县，西晋始置，隋废。唐武德四年（621）复置，八年（625）又废。贞观八年（634）再置，属台州，治所即今浙江天台。以临始丰水为名。直至肃宗上元二年（761）始改称唐兴县。赤城，赤城山，在今浙江天台县西北。《太平御览》卷四一引孔灵符《会稽记》曰："赤城山，土色皆赤，岩岫连沓，状似云霞。"

65 **黔中：** 唐开元十五道之一，唐开元二十一年（733）分江南道西部置。采访使驻黔州（治重庆彭水）。大致辖今湖北清江中上游、湖南沅江上游，贵州毕节、桐梓、金沙、晴隆

等市县以东，重庆綦江、彭水、黔江，及广西东兰、凌云、西林、南丹等地。

66 **思州**：黔中道属州，唐贞观四年（630）改务州置，天宝初改宁夷郡，乾元初复为思州。治务川县（今贵州沿河县东）。辖境相当于今贵州沿河、务川、印江和重庆酉阳等地。

播州：黔中道属州，唐贞观十三年（639）置，治恭水县（在今贵州遵义）。北宋乐史《太平寰宇记》卷一二一："以其地有播川为名。"辖境相当于今贵州遵义、桐梓等地。

费州：黔中道属州，北周始置，唐贞观十一年（637）时治涪川县（今贵州思南）。天宝初改为涪川郡，乾元初复为费州。辖境相当于今贵州德江、思南县等地。

夷州：黔中道属州，唐武德四年（621）置，治绥阳（今贵州凤冈）。贞观元年（627）废，四年（630）复置。辖境相当于今贵州凤冈、绥阳、湄潭等地。

67 **江南**：最初指江南道，唐贞观十道之一，因在长江之南而名。其辖境相当于今浙江、福建、江西、湖南等省，江苏、安徽的长江以南地区，以及湖北、重庆、四川长江以南一部分和贵州东北部地区。玄宗开元二十一年（733），分江南道为江南东道、江南西道和黔中道。肃宗乾元元年（758），析江南东道置浙江东道、浙江西道两节度使方镇，此后唐代江南一般是指改设观察使的江南西道。

68 **鄂州**：隋始置，后改江夏郡。唐武德四年（621）复为鄂州，治江夏县（今湖北武汉武昌城区）。天宝初改为江夏郡，乾元初复为鄂州。辖境相当于今湖北蒲圻以东，阳新以西，武汉长江以南，幕阜山以北地。地产茶，唐杨晔《膳夫经手录》说，鄂州茶与蕲州茶、至德茶产量很大，销往河南、河北、山西等地，茶税倍于浮梁。

袁州：隋始置，后改宜春郡。唐武德四年（621）复改袁州，唐李吉甫《元和郡县图志》卷二八："因袁山为名。"治宜春（今江西宜春）。天宝初改为宜春郡，乾元初复为袁州。辖境相当于今江西萍乡、新余以西的袁水流域。地产茶，五代毛文锡《茶谱》："袁州之界桥（茶），其名甚著。"

吉州：唐武德五年（622）改隋庐陵郡置，治庐陵（在今江西吉安）。天宝初改为庐陵郡，乾元初复为吉州。辖境相当于今江西新干、泰和间的赣江流域及安福、永新等县地。

69 **岭南**：岭南道，唐贞观十道、开元十五道之一，因在五岭之南得名，采访使驻南海郡番禺（今广东广州）。辖境相当于今广东、广西、海南三省区，云南南盘江以南及越南的北部地区。

70 **福州**：唐开元十三年（725）改闽州置，唐李吉甫《元和郡县图志》卷二九："因州西北福山为名。"治闽县（今福建福州）。天宝元年（742）改称长乐郡，乾元元年（758）复称福州。为福建节度使治。辖境相当于今福建尤溪县北尤溪口以东的闽江流域和古田、屏南、福安、福鼎等市县以东地区。《新唐书·地理志》载其土贡茶。

建州： 唐武德四年（621）置，治建安县（今福建建瓯）。天宝初改建安郡。乾元初复为建州。辖境相当于今福建南平以上的闽江流域（沙溪中上游除外）。地产茶，北宋张舜民《画墁录》言："贞元中，常衮为建州刺史，始蒸焙而碾之，谓研膏茶。"延至唐末，建州北苑茶最为著名，成为五代南唐和北宋的主要贡茶。

韶州： 隋始置又废，唐贞观元年（627）复改东衡州，唐李吉甫《元和郡县图志》卷三四："取州北韶石为名。"治曲江县（今广东韶关南武水之西）。天宝初改称始兴郡。乾元初复为韶州。辖境相当于今广东曲江、翁源、乳源以北地区。

象州： 隋始置又废，唐武德四年（621）复置，治今广西象州。天宝初改象山郡。乾元初复为象州。辖境相当于今广西象州、武宣等地。

71 **生闽县方山之阴：** 闽县，隋开皇十二年（592）改原丰县置，初为泉州、闽州治，开元十三年（725）改为福州治。天宝初为长乐郡治，乾元初复为福州治。方山：在福州闽县，北宋乐史《太平寰宇记》卷一〇〇记方山"在州南七十里，周回一百里，山顶方平，因号方山"。方山产茶，唐李肇《唐国史补》卷下载"福州有方山之露芽"。

　　山南，以峡州所产的茶为最好（峡州茶产于远安、宜都、夷陵三县的山谷），襄州、荆州所产茶为次好，（襄州茶产于南漳县山谷，荆州茶产于江陵县山谷。）衡州所产茶差些，（产于衡山、茶陵二县山谷。）金州、梁州茶又差一些。（金州茶产于西城、安康二县山谷，梁州茶产于褒城、金牛二县山谷。）

　　淮南，以光州所产的茶为最好，（光州光山县黄头港的茶，与峡州茶品质相同。）义阳郡、舒州所产茶为次好，（申州义阳县钟山所产茶与襄州茶同，舒州太湖县潜山所产茶与荆州茶同。）寿州所产茶差些，（寿州盛唐县霍山茶与衡山茶同。）蕲州、黄州茶又差一些。（蕲州茶出产于黄梅县山谷，黄州茶产于麻城县山谷，均与金州、梁州茶相同。）

　　浙西，以湖州所产的茶为最好，（湖州出产于长城县顾渚山谷的茶，与峡州、光州茶同；产于山桑、儒师二坞、白茅山、悬脚岭的茶，与襄州、荆州、义阳郡茶同；产于凤亭山、伏翼阁、飞云、曲水二寺、啄木岭的茶，与寿州、衡州茶同；产于安吉、武康二县山谷的茶，

顾渚山石刻，〔唐〕袁高题刻："大唐，州刺史臣袁高，奉诏修茶贡讫，至□山最高堂，赋茶山诗。兴元甲子岁三春十日。"该题刻位于水口西顾山最高堂

与金州、梁州茶同。）常州所产的茶为次好，（常州出产于义兴县君山悬脚岭北峰下的茶，与荆州、义阳郡茶同；产于圈岭善权寺、石亭山的茶，与舒州茶同。）宣州、杭州、睦州、歙州所产茶差些，（宣州宣城县雅山茶，与蕲州茶同；太平县上睦、临睦出产的茶，与黄州茶同；杭州临安、於潜二县天目山所产的茶，与舒州茶同；钱塘县天竺、灵隐二寺的茶，睦州桐庐县山谷所产的茶，歙州婺源山谷所产的茶，与衡州茶同。）润州、苏州所产的茶又差一些。（润州江宁县傲山所产的茶，苏州长洲县洞庭山所产的茶，与金州、蕲州、梁州茶同。）

剑南，以彭州所产的茶为最好，（九陇县马鞍山、至德寺、棚口所产的茶，与襄州茶同。）绵州、蜀州所产茶为次好，（绵州龙安县松岭关所产的茶，与荆州茶同；而西昌、昌明、神泉县西山所产的茶一样的好，过了松岭的茶就不值得采制了。蜀州青城县丈人山所产的茶，与绵州茶同。青城县有散茶、木茶。）邛州、雅州、泸州所产的茶差些，（雅州百丈山、名山所产的茶，泸州泸川所产的茶，与金州茶同。）眉州、汉州所产的茶又差一些。（眉州丹棱县铁山所产的茶，汉州绵竹县竹山所产的茶，与润州茶同。）

浙东，以越州所产的茶为最好，（余姚县瀑布泉岭茶称为仙茗，大叶茶非常特殊，小叶茶与襄州茶同。）明州、婺州所产的茶为次好，（明州鄮县榆筴村所产的茶，婺州东阳县东白山所产的茶，与荆州茶同。）台州所产的茶差些。（台州始丰县赤城山所产的茶，与歙州茶同。）

黔中，出产于思州、播州、费州、夷州。

江西，出产于鄂州、袁州、吉州。

岭南，出产于福州、建州、韶州、象州。（福州茶出产于闽县方山的北面。）

对于上述思、播、费、夷、鄂、袁、吉、福、建、韶、象这十一州所产的茶，具体情况还不大清楚，常常能够得到一些，品尝一下，觉得味道非常之好。

顾渚山石刻，[唐] 张文规题刻："河东张文规，癸亥年三月四日。"该题刻位于水口斫射芥老鸦窝

顾渚山石刻，[唐] 裴汶题刻："湖州刺史裴汶、河东薛迅、河东裴质方（今人多以'质'误辨为'宝'），元和八年二月廿三日同游。"该题刻位于水口矿射芥老鸦窝

《八之出》记述了中唐时期的茶叶地理。

陆羽基本按照两个原则进行记述，一是行政区划，一是茶叶品质。总共记录唐代八道四十三州郡产茶，除了当时不在唐朝界内的南诏国（今云南）外，基本与现今中国的产茶地区相一致。（有论者以为陆羽未将云南列入本章的茶产区是种不完整，还是未免太苛责古人了。）对于不同产区的茶叶品质，陆羽都分别给以"上，次，下，又下"四个等级的评价，并且将不同地区的茶叶品质进行比较。

从陆羽所论列的产茶州县情况的详略，可以大致判断陆羽在哪些地区进行过较为详细的考察。一般而言，在县以下列有更小地名及所产茶的，应该就是陆羽到过并进行过详细考察的地区。

此外，还可以根据本章内容判断《茶经》成书的大致时间。唐代的地名因为政治经济形势的变化改动较多，中外学者研究《八之出》的地名，大多是758—761年之间的地名，据此推知，《茶经》写作于这段时间之内。而据《封氏闻见记》所记李季卿宣慰江南时，曾先后召常伯熊、陆羽为之煮茶，而常伯熊所凭据的正是陆羽《茶经》来看，在李季卿宣慰江南的 764 年之前，《茶经》已经有所流传。本章记江南道诸州茶产时，记为"未详""往往得之，其味极佳"，则表明陆羽在撰写这些文字之时，还未到过这些地区。而陆羽事实上大致在 782 年移居江西，所以现今看到的《茶经》本子，定是写成并流传于 782 年之前的。

从茶产区小注文中可以看到，陆羽对于湖州的描述最详细，所记小地名也最多，从此可知陆羽对这一地区的考察最为细致，这也是促使他最终在这一地区写作《茶经》的原因之一。这也与《南部新书》记录陆羽曾于大历五年（770）致信国子祭酒杨绾，并寄湖州顾渚紫笋茶推荐此茶的事情相联系在了一起。

因此，本章除了记述传达唐代茶叶产区及其茶叶品质资料外，还包含了更多的有关陆羽考察茶事与撰写《茶经》的信息，可以说是人们研读《茶经》的意外之得。

陆羽是在实地考察以及亲身体验的基础上写作本章内容的。同时，熟悉者详细记之，不熟者则客观诚实地言以"未详"，再次体现了陆羽客观诚实的科学态度。

九之略

其造具，若方春禁火之时[1]，于野寺山园，丛手而掇[一][2]，乃蒸，乃舂，乃拍[二]，以火干之，则又棨、扑[三]、焙、贯、棚[四]、穿、育等七事皆废[3]。

其煮器，若松间石上可坐，则具列废。用槁薪、鼎䰝[五][4]之属，则风炉、灰承、炭檛、火筴[六]、交床等废。若瞰泉临涧[七]，则水方、涤方、漉水囊废。若五人已下，茶可末[八]而精者[5]，则罗合[九]废。若援藟跻岩[6]，引絙[7]入洞，于山口炙而末之，或纸包合贮，则碾、拂末等废。既瓢、碗、竹筴[一〇]、札、熟盂、醝[一一]簋[8]悉以一筥盛之，则都篮废。

但城邑之中，王公之门，二十四器[9]阙一，则茶废矣。

校
记

一　掇：原作"辍"，今据竟陵本改。

二　拍：原本为墨丁，秋水斋本作"炀"，益王涵素本作"规"，《欣赏》本作"复"，仪鸿堂本作"炙"，今据竹素园本改。

三　扑：原作"朴"，今据竟陵本改。

四　棚：原作"相"，今据竟陵本改。

五　钀：原作"枥"，以义改。

六　筴：仪鸿堂本作"夹"。

七　涧：仪鸿堂本作"渊"。

八　末：竟陵本作"味"。

九　合：原脱，今据涵芬楼本补。

一〇　竹：原脱，据上文《四之器》竹筴条补。

　　筴：仪鸿堂本作"夹"。

一一　醝：原作"醛"，今据秋水斋本改。

注释

1　**方**：表示某种状态正在持续或某种动作正在进行，犹正。
　　禁火：即寒食节，清明节前一日或二日，旧俗以寒食节禁火冷食。

2　**丛手而掇**：聚众手一起采摘茶叶。《说文》："丛，聚也。"

3　**则又棨（qǐ）、扑、焙（bèi）、贯、棚、穿、育等七事皆废**："则又"之"又"字当为衍字。棨，在茶饼上钻孔的锥刀。焙，微火烘烤。废，弃置不用。

4　**鼎䥶（lì）**：鼎，三足两耳的锅。䥶，同"鬲"，形状同鼎，有三足，可直接在其下生火，而不需炉灶。

5　**茶可末而精者**：茶可以研磨得比较精细。

6　**虆（lěi）**：藤。
　　跻：攀登，达到。

7　**絙（gēng）**：粗绳，与"绠"通。

8　**鹾（cuó）簋（guǐ）**：盛盐的容器。鹾，味浓的盐。簋，古代椭圆形盛物用的器具。

9　**二十四器**：此处言二十四器，但在《四之器》中包括附属器共列出了二十九种。（罗与合应计为两种，实为三十种。）详见本书《四之器》注。

关于造茶工具，如果正当春季清明前后寒食禁火之时，在野外寺庙或山间茶园，大家一齐动手采摘，当即就地蒸茶，舂捣，用火烘烤干，那么棨、扑、焙、贯、棚、穿、育等七种制茶工具都可以省略。

关于煮茶器具，如果在松林之间，有石可以放置茶具，那么具列可以不用。如果用干柴枯叶及鼎鑵之类的锅来烧水，那么风炉、灰承、炭檛、火筴、交床等器具都可以弃置不用。若是在泉旁溪边煮茶，水方、涤方、漉水囊也可以省略。如果只有五个以下的人喝茶，茶又可碾成细末，就不必用罗合了。如果攀附藤蔓登上山岩，或拉着粗绳进入山洞，先在山口把茶烤好研细，或用纸包或盒子装好，那么碾、拂末也可以不用。如果瓢、碗、竹筴、札、熟盂、鹾簋都可以盛放在一只竹筥中，那么都篮也可以省去。

但是，在城市之中，王公贵族之家，二十四种煮茶器具如果缺少一样，就算不上是真正的饮茶了。（茶道就不存在了。）

214

铜兽面纹风炉，明末清初，青铜，通高 17.8 厘米，口径 20 厘米，底径 16 厘米，
台北故宫博物院藏

《林榭煎茶图》（局部），[明] 文徵明，纸本设色，纵 25.7 厘米，横 114.7 厘米，
天津博物馆藏

本章列举在野寺山园、瞰泉临涧诸种饮茶环境下，种种可以省略不用的制茶、煮饮茶用具，特别体现了陆羽的林泉之志。

《九之略》最为典型地表达了陆羽身为闲云野鹤的隐士，却时时心系高远庙堂，这种貌似矛盾、实际统一的中国古代文人的一种典型心态。中国古代怀有经世济时抱负的文人士大夫，在不同的人生状态下关注的焦点不同，一般而言，"居庙堂之上则忧其民，处江湖之远则忧其君"。作为山泽草民，陆羽在《茶经》中所提出的饮茶规范，是指向那些身处庙堂的人们的。但陆羽显然始终未能忘怀自己隐逸之士的山人、处士本质，所以在本章中，为那些和他一样优游林下、泛舟江湖、林栖谷隐的人们，提出了在山林野外各种环境下，种种可以省略的器具。

从本质上来说，陆羽有着山林隐逸之士追求自由之心，正是这种追求让他在年少时毅然决然下定决心逃离龙盖寺，也让他两次未赴唐廷的征召去做太子文学或太常寺太祝，也让他在专门讲求饮茶规范的《茶经》中，专列一章讲述种种情况下可以省略的器具，因为在放松自由的山林里，器具足用即可。

　　然而，在本章的最后，为了避免读者因《九之略》误解写作《茶经》的济世思想，产生疑惑，陆羽以"但城邑之中，王公之门，二十四器阙一，则茶废矣"，这样缺一不可的句子，结束了讲述关于省略器具的篇章，说只有完整使用全套茶具，体味其中存在的思想轨范，茶道才能存而不废。强烈的对比反差，让人无论对于省略器具，还是二十四组器具缺一不可全都留下了深刻的印象，这或许就是陆羽如此写作的初衷。

《文会图》（局部），［北宋］赵佶（传），绢本设色，纵 184.4 厘米，横 123.9 厘米，台北故宫博物院藏

《斗茶图》（局部），[南宋] 刘松年，绢本浅设色，立轴，纵 57 厘米，横 60 厘米，
台北故宫博物院藏

十之图 1

以绢素或四幅或六幅[2]，分布写之，陈诸座隅，则茶之源、之具、之造、之器、之煮、之饮、之事、之出、之略目击而存，于是《茶经》之始终备焉。

注释

1 **十之图**：图写张挂，不是专门有图。《四库全书总目》："其曰图者，乃谓统上九类写绢素张之，非别有图，其类十，其文实九也。"

2 **绢素**：素色丝绢。

幅：按唐令规定，绸织物一幅是一尺八寸。

　　用四幅或六幅素色丝绢，把上述内容全部抄写出来，张挂在座位旁边。这样，茶的起源、采制工具、制茶方法、煮饮器具、煮饮方法、茶事历史、产地以及茶具省略方法等内容，就可以随时看到。这样，《茶经》的所有内容就真正完备了。

本章在正文之中要求将全书内容图写张挂（这与后世以"茶经"标目编辑的茶书在"十之图"章节标题下罗列茶图茶画者不同），以使其内容可以目击而存、烂熟于胸，这样在制茶饮茶时便能得心应手，得饮茶之精髓。这样的要求是很罕见的，表明了陆羽对《茶经》的自信与期待。

陆羽

其人 其事 其书

附 录

附录一　陆羽传记

一、宋李昉等编《文苑英华》卷七九三《陆文学自传》

陆子，名羽，字鸿渐，不知何许人也。或云字羽名鸿渐，未知孰是。有仲宣、孟阳之貌陋，相如、子云之口吃，而为人才辩，为性褊躁，多自用意，朋友规谏，豁然不惑。凡与人宴处，意有所适（一作择），不言而去，人或疑之，谓生多瞋。又与人为信，纵冰雪千里，虎狼当道，而不诮也。

上元初，结庐于苕①溪之湄，闭关读书，不杂非类，名僧高士，谈讌永日。常扁舟往来山寺，随身唯纱巾、藤鞵、短褐、犊鼻。往往独行野中，诵佛经，吟古诗，杖击林木，手弄流水，夷犹徘徊，自曙达暮，至日黑兴尽，号泣而归。故楚人相谓，陆子盖今之接舆也。

---

① 苕：原作"茗"，今据《全唐文》卷四三三改。

始三岁（一作载）惸露，育于竟陵大师积公之禅院①。自九岁学属文，积公示以佛书出世之业。子答曰："终鲜兄弟，无复后嗣，染衣削发，号为释氏，使儒者闻之，得称为孝乎？羽将授孔圣之文。"公曰："善哉！子为孝，殊不知西方染削之道，其名大矣。"公执释典不屈，子执儒典不屈。公因矫怜抚爱，历试贱务，扫寺地，洁僧厕，践泥圬墙，负瓦施屋，牧牛一百二十蹄。

　　竟陵西湖无纸，学书以竹画牛背为字。他日于学者得张衡《南都赋》，不识其字，但于牧所仿青衿小儿，危坐展卷，口动而已。公知之，恐渐渍外典，去道日旷，又束于寺中，令芟剪卉莽，以门人之伯主焉。或时心记文字，懜然若有所遗，灰心木立，过日不作，主者以为慵堕，鞭之。因叹云："恐岁月往矣，不知其书。"呜呼不自胜。主者以为蓄怒，又鞭其背，折其楚乃释。因倦所役，舍主者而去。卷衣诣伶党，著《谑谈》三篇，以身为伶正，弄木人、假吏、藏珠之戏。公追之曰："念尔道丧，惜哉！吾本师有言：我弟子十二时中，许一时外学，令降伏外道也。以吾门人众多，今从尔所欲，可捐乐工书。"

　　天宝中，郢人酺于沧浪，邑吏召子为伶正之师。时河南尹李公齐物黜守，见异，提手抚背，亲授诗集，于

<hr />

① 院：原脱，今据《全唐文》补。

是汉沔①之俗亦异焉。后负书于火门山邹夫子别墅，属礼部郎中崔公国辅出守②竟陵，因与之游处，凡三年。赠白驴乌犎（一作犁，下同。）牛一头，文槐书函一枚。"白驴犎牛，襄阳太守李憕（一云澄，一云栋。）见遗，文槐函，故卢黄门侍郎所与。此物皆己之所惜也。宜野人乘蓄，故特以相赠。"

洎至德初，秦③人过江，子亦过江，与吴兴释皎然为缁素忘年之交。少好属文，多所讽谕。见人为善，若己有之；见人不善，若己羞之。忠言逆耳，无所回避，繇是俗人多忌之。

自禄山乱中原，为《四悲诗》，刘展窥江淮，作《天之未明赋》，皆见感激，当时行哭涕泗。着《君臣契》三卷，《源解》三十卷，《江表四姓谱》八卷，《南北人物志》十卷，《吴兴历官记》三卷，《湖州刺史记》一卷，《茶经》三卷，《占梦》上、中、下三卷，并贮于褐布囊。

上元年辛丑岁子阳秋二十有九日。④

---

① 沔：原作"汘"，今据《全唐文》改。

② 守：原脱，今据《全唐文》补。

③ 秦：原作"泰"，并有注曰："一作秦。"今据小注及《全唐文》改。

④ 上元年辛丑岁子阳秋二十有九日：《全唐文》作"上元辛丑岁，子阳秋二十有九"。

二、宋欧阳修、宋祁撰《新唐书》卷一九六《陆羽传》

陆羽，字鸿渐，一名疾，字季疵，复州竟陵人，不知所生，或言有僧得诸水滨，畜之。既长，以《易》自筮，得"蹇"之"渐"，曰："鸿渐于陆，其羽可用为仪"，乃以陆为氏，名而字之。

幼时，其师教以旁行书，答曰："终鲜兄弟，而绝后嗣，得为孝乎？"师怒，使执粪除污塓以苦之，又使牧牛三十，羽潜以竹画牛背为字。得张衡《南都赋》不能读，危坐效群儿嗫嚅，若成诵状，师拘之，令薙草莽。当其记文字，懵懵若有所遗，过日不作，主者鞭苦，因叹曰："岁月往矣，奈何不知书！"呜咽不自胜，因亡去，匿为优人，作诙谐数千言。

天宝中，州人酺，吏署羽伶师，太守李齐物见，异之，授以书，遂庐火门山。

貌侻陋，口吃而辩。闻人善，若在己，见有过者，规切至忤人，朋友燕处，意有所行辄去，人疑其多嗔。与人期，雨雪虎狼不避也。

上元初，更隐苕溪，自称桑苎翁，阖门著书。或独行野中，诵诗击木，裴回不得意，或恸哭而归，故时谓今接舆也。久之，诏拜羽太子文学，徙太常寺太祝，不就职。贞元末，卒。

羽嗜茶，著经三篇，言茶之原、之法、之具尤备，天下益知饮茶矣。时鬻茶者，至陶羽形置炀突间，祀为茶神。有常伯熊者，因羽论复广著茶之功。御史大夫李季卿宣慰江南，次临淮，知伯熊善煮茶，召之，伯熊执器前，季卿为再举杯。至江南，又有荐羽者，召之，羽衣野服，挈具而入，季卿不为礼，羽愧之，更著《毁茶论》。

其后，尚茶成风，时回纥入朝，始驱马市茶。

三、元辛文房撰《唐才子传》卷三《陆羽》

羽，字鸿渐，不知所生。初，竟陵禅师智积得婴儿于水滨，育为弟子。及长，耻从削发，以《易》自筮，得"蹇"之"渐"曰："鸿渐于陆，其羽可用为仪。"始为姓名。有学，愧一事不尽其妙。性诙谐。少年匿优人中，撰《谈笑》万言。天宝间，署羽伶师，后遁去。古人谓洁其行而秽其迹者也。上元初，结庐苕溪上，闭门读书。名僧高士，谈讌终日。貌寝，口吃而辩，闻人善若在己，与人期，虽阻虎狼不避也。自称桑苎翁，又号东岗子。工古调歌诗，兴极闲雅，著书甚多。扁舟往来山寺，唯纱巾、藤鞋、短褐、犊鼻，击林木，弄流水。或行旷野中，诵古诗，裴回至月黑，兴尽恸哭而返。当时以比接舆也。与皎然上人为忘言之交。有诏拜太子文学。羽嗜茶，造妙理，著《茶经》三卷，言茶之原、之法、之具，时号"茶仙"，天下益知饮茶矣。鬻茶家以瓷陶羽形，祀为神，买十茶器，得一"鸿渐"。初，御使大夫李季卿宣慰江南，喜茶，知羽，召之，羽野服挈具而入。李曰："陆君善茶，天下所知。扬子中泠，水又殊绝。今二妙千载一遇，山人不可轻失也。"茶毕，命奴子与钱，羽愧之，更著《毁茶论》。与皇甫补阙善，时鲍尚书防在越，羽往依焉。冉送以序曰："君子究孔、释之名理，穷歌诗之丽则。远墅孤岛，通舟必行；鱼梁钓矶，随意而往。夫越地称山水之乡，辕门当节钺之重。鲍侯知子爱子者，将解衣推食，岂徒尝镜水之鱼，宿耶溪之月而已！"集并《茶经》今传。

四、唐李肇撰《唐国史补》卷中《陆羽得姓氏》

竟陵有僧于水滨得婴儿者，育为弟子，稍长，自筮得蹇之渐，繇曰："鸿渐于陆，其羽可用为仪"，乃今姓陆名羽，字鸿渐。羽有文学，多意思，耻一物不尽其妙，茶术尤著。巩县陶者多为瓷偶人，号陆鸿渐，买数十茶器得一鸿渐，市人沽茗不利，辄灌注之。羽于江湖称竟陵子，于南越称桑苎翁。与颜鲁公厚善，及玄真子张志和为友。羽少事竟陵禅师智积，异日他处闻禅师去世，哭之甚哀，乃作诗寄情，其略曰："不羡白玉盏，不羡黄金罍。亦不羡朝入省，亦不羡暮入台。千羡万羡西江水，竟向竟陵城下来。"贞元末卒。

五、唐赵璘撰《因话录》卷三《商部下》

太子陆文学鸿渐，名羽。其先不知何许人，竟陵龙盖寺僧姓陆，于堤上得一初生儿，收育之。遂以陆为氏。及长，聪俊多能，学赡辞逸，诙谐纵辩，盖东方曼倩之俦。与余外祖户曹府君（外族柳氏，外祖洪府户曹，讳澹，字中庸，别有传。）交契深至，外祖有笺事状，陆君所撰。性嗜茶，始创煎茶法。至今鬻茶之家陶为其像，置于炀器之间，云宜茶足利。余幼年尚记识一复州老僧，是陆僧弟子，常讽其歌云："不羡黄金罍，不羡白玉杯。不羡朝入省，不羡暮入台。千羡万羡西江水，曾向竟陵城下来。"又有追感陆僧诗至多。

六、宋李昉等编《太平广记》卷二〇一《陆鸿渐》

太子文学陆鸿渐，名羽。其生不知何许人。竟陵龙盖寺僧姓陆，于堤上得一初生儿，收育之，遂以陆为氏。及长，聪俊多闻，学赡辞逸，恢谐谈辩，若东方曼倩之俦。鸿渐性嗜茶，始创煎茶法。至今鬻茶之家，陶为其像，置于锡器之间，云宜茶足利。至太和，复州有一老僧，云是陆生弟子，常讽歌云："不羡黄金罍，不羡白玉杯，不羡朝入省，不羡暮入台，唯羡西江水，曾向竟陵城下来。"鸿渐又撰《茶经》二卷，行于代。今为鸿渐形

者，因目为茶神，有交易则茶祭之，无以釜汤沃之。〔出《传载》（按，即《大唐传载》）。〕

七、宋计有功撰《唐诗纪事》卷四〇《陆鸿渐》

太子文学陆鸿渐，名羽，其先不知何许人。景陵龙盖寺僧姓陆，于堤上得初生儿，收育之，遂以陆为氏。及长，聪俊多闻，学赡辞逸，恢谐辨捷。性嗜茶，始创煎茶法，至今鬻茶之家，陶为其像，置于炀器之间，云宜茶足利。至大和中，复州有一老僧，云是陆僧弟子，常讽其歌云："不羡黄金罍，不羡白玉杯，不羡朝入省，不羡暮入台。唯羡西江水，长向竟陵城下来。"鸿渐又撰《茶经》三卷，行于代。今为鸿渐形，因目为茶神。有售则祭之，无则以釜汤沃之。

附录二 历代《茶经》序跋赞论 ①

一、唐皮日休《茶中杂咏序》

案《周礼》酒正之职辨四饮之物，其三曰浆，又浆人之职，供王之六饮，水、浆、醴、凉、医、酏，入于酒府。郑司农云：以水和酒也。盖当时人率以酒醴为饮，谓乎六浆，酒之醨者也，何得姬公制？《尔雅》云：槚，苦茶。即不擷而饮之，岂圣人之纯于用乎？草木之济人，取舍有时也。

自周以降及于国朝茶事，竟陵子陆季疵言之详矣。然季疵以前，称著饮者，必浑以烹之，与夫瀹蔬而啜者无异也。季疵之始为《经》三卷，繇是分其源，制其具，教其造，设其器，命其煮，俾饮之者，除痟而去疠，虽疾医之，不若也。其为利也，于人岂小哉！

余始得季疵书，以为备矣。后又获其《顾渚山记》二篇，其中多茶事；后又太原温从云、武威段碣之各补

① 程光裕著录八种：（1）皮日休序，（2）陈师道序，（3）陈文烛序，（4）王寅序，（5）李维桢序，（6）张睿卿跋，（7）童承叙跋，（8）鲁彭序。张宏庸著录十四种而文阙最后二种：（1）皮日休序，（2）陈师道序，（3）鲁彭序，（4）李维桢序，（5）徐同气序，（6）王寅序，（7）陈文烛序，（8）曾元迈序，（9）常乐序，（10）童承叙跋，（11）《童内方与廖野论茶经书》，（12）吴旦书《茶经》后，（13）张睿卿跋，（14）新明跋。

茶事十数节，并存于方册。茶之事，繇周至于今，竟无纤遗矣。

昔晋杜育有《荈赋》，季疵有《茶歌》，余缺然于怀者，谓有其具而不形于诗，亦季疵之余恨也。遂为十咏，寄天随子。

（《松陵集》卷四）

二、宋陈师道《茶经序》

陆羽《茶经》，家传一卷，毕氏、王氏书三卷，张氏书四卷，内外书十有一卷。其文繁简不同，王、毕氏书繁杂，意其旧文；张氏书简明与家书合，而多脱误；家书近古，可考正，自七之事，其下亡。乃合三书以成之，录为二篇，藏于家。

夫茶之著书自羽始，其用于世亦自羽始，羽诚有功于茶者也。上自宫省，下迨邑里，外及戎夷蛮狄，宾祀燕享，预陈于前，山泽以成市，商贾以起家，又有功于人者也，可谓智矣。

《经》曰："茶之否臧，存之口诀。"则书之所载，犹其粗也。夫茶之为艺下矣，至其精微，书有不尽，况天下之至理，而欲求之文字纸墨之间，其有得乎？

昔先王因人而教，同欲而治，凡有益于人者，皆不废也。世人之说，曰先王诗书道德而已，此乃世外执方之论，枯槁自守之行，不可群天下而居也。史称羽持具饮李季卿，季卿不为宾主，又著论以毁之。夫艺者，君子有之，德成而后及，乃所以同于民也。不务本而趋末，故业成而下也。学者谨之！

（《后山集》卷一一。按：《四库》本文有脱误，参校竟陵本《茶经》附录，不备注。）

三、明鲁彭《刻茶经叙》

粤昔己亥，上南狩郢，置荆西道。无何，上以监察御史青阳柯公来莅厥职。越明年，百废修举，乃观风竟陵，访唐处士陆羽故处龙盖寺。公喟然曰："昔桑苎翁名于唐，足迹遍天下，谁谓其产兹土耶！"因慨茶井失所在，乃即今井亭而存其故，已复构亭其北，曰茶亭焉。他日，公再往索羽所著《茶经》三篇，僧真清者，业录而谋梓也，献焉。公曰："嗟，井亭矣！而《经》可无刻乎？"遂命刻诸寺。夫茶之为经，要矣，行于世，脍炙千古。乃今见之《百川学海》集中，兹复刻者，便览尔，刻于竟陵者，表羽之为竟陵人也。

按羽生甚异，类令尹子文，人谓子文贤而仕，羽虽贤，卒以不仕。又谓楚之生贤大类后稷云。今观《茶经》

三篇，其大都曰源、曰具、曰造、曰饮之类，则固具体用之学者。其曰"伊公羹，陆氏茶"，取而比之，寔以自况，所谓易地皆然者，非欤？向使羽就文学、太祝之召，谁谓其事不伊且稷也！而卒以不仕，何哉？昔人有自谓不堪流俗，非薄汤武者，羽之意，岂亦以是乎？厥后茗饮之风行于中外，而回纥亦以马易茶，由宋迄今，大为边助，则羽之功固在万世，仕不仕奚足论也！

或曰酒之用视茶为要，故北山亦有《酒经》三篇，曰酒始诸祀，然而妹也已有酒祸，惟茶不为败，故其既也《酒经》不传焉。

羽器业颠末，具见于传。其水味品鉴优劣之辨，又互见于张、欧《浮槎》等记，则并附之《经》，故不赘。僧真清，新安之歙人，尝新其寺，以嗜茶，故业《茶经》云。

皇明嘉靖二十一年，岁在壬寅秋重九日，景陵后学鲁彭叙。

（明嘉靖二十一年柯双华竟陵本《茶经》卷首）

四、明陈文烛《茶经序》

先通奉公论吾沔人物，首陆鸿渐，盖有味乎《茶经》也。夫茗久服，令人有力悦志，见《神农食经》，而昙济道人与子尚设茗八公山中，以为甘露，是茶用于古，羽神而明之耳。人莫不饮食也，鲜能知味也。稷树艺五谷而天下知食，羽辨水煮茶而天下知饮，羽之功不在稷下，虽与稷并祠可也。及读《自传》，清风隐隐起四座，所著《君臣契》等书，不行于世，岂自悲遇不禹稷若哉！窃谓禹稷、陆羽，易地则皆然。昔之刻《茶经》、作郡志者，岂未见兹篇耶？今刻于《经》首，次《六羡歌》，则羽之品流概见矣。玉山程孟孺善书法，书《茶经》刻焉，王孙贞吉绘茶具，校之者，余与郭次甫。结夏金山寺，饮中泠第一泉。

明万历戊子夏日，郡后学陈文烛玉叔撰。

（明程福生竹素园本《茶经》刻序）

五、明王寅《茶经序》

茶未得载于《禹贡》《周礼》而得载于《本草》，载非神农，至唐始得附入之。陆羽著《茶经》三篇，故人多知饮茶，而茶之名为益显。

噫！人之嗜各有所好也，而好由于性若之。好茶者难以悉数，必其人之泊澹玄素者而茶乃好，不啻于金茎玉露羹之，以其性与茶类也。好肥甘而溺腥膻者，不知茶之为何物，以其性与茶异也。

《茶经》失而不传久矣，幸而羽之龙盖寺尚有遗经焉，乃寺僧真清所手录也。吾郡倜傥生孙伯符者，博雅士也，每有茶癖，以为作圣乃始于羽，而使遗经不传，亦大雅之罪人也。乃捡斋头藏本，仍附《茶具图赞》全梓以传，用视海内好事君子。噫！若伯符者，可谓有功于茶而能振羽之流风矣。又以经不□于茶之所产、水之所品而已，至于时用，或有未备而多不合，再采《茶谱》兼集唐宋篇什切于今人日用者，合为一编，付诸梓。人毋论其诣，即意致足嘉也。由是古今制作之法，悉得考见于千载之下，其为幸于后来，不亦大哉！

予性好茶为独甚，每哂卢仝七盌不能任，而以大卢君自号，以贬仝。今已买山南原而种茶以终老。伯符当弱冠亦好茶而同于予，又能表而出之，其嗜好亦可谓精博矣。伯符于予有交道也，故以其序请之于予。倜傥生乃予知伯符而赠者，予故乐闻不辞而序诸首简。

万历戊子年七夕，十岳山人王寅撰并书。

（明孙大绶秋水斋本《茶经》刻序）

六、明徐同气《茶经序》

余曾以屈、陆二子之书付诸梓，而毁于燹，计再有事。而屈，郡人。陆，里人也，故先镌《茶经》。

客曰："子之于《茶经》奚取？"曰："取其文而已。

陆子之文，奥质奇离，有似《货殖传》者，有似《考工记》者，有似《周王传》者，有似《山海》《方舆》诸记者。其简而赅，则《檀弓》也。其辨而纤，则《尔雅》也。亦似之而已，如是以为文，而能无取乎？"

客曰："其文遂可为经乎？"曰："经者，以言乎其常也，水以源之盈竭而变，泉以土脉之甘涩而变，瓷以壤之脆坚、焰之浮烬而变，器以时代之刓削、事工之巧利而变，其骘之为经者，亦以其文而已。"

客曰："陆子之文，如《君臣契》《源解》《南北人物志》及《四悲歌》《天之未明赋》诸书，而蔽之以《茶经》，何哉？"曰："诸书或多感愤，列之经传者，犹有猳冠、伧父气。《茶经》则杂于方技，迫于物理，肆而不厌，傲而不怍，陆子终古以此显，足矣。"

客曰："引经以绳茶，可乎？"曰："凡经者，可例百世，而不可绳一时者也。孔子作《春秋》，七十子惟口授传其旨，故《经》曰：'茶之臧否，存之口诀'，则书之所载，犹其粗者也。抑取其文而已。"

客曰："文则美矣，何取于茶乎？"曰："茶何所不取乎？神农取其悦志，周公取其解酲，华佗取其益意，壶居士取其羽化，巴东人取其不眠，而不可概于经也。陆子之经，陆子之文也。"

（清葛振元、杨钜纂修《光绪沔阳州志》卷一《艺文·序》）

七、明乐元声《茶引》

余漫昧不辨淄渑，浮慕竟陵氏之为人。已而得苕溪编有欣赏备茶事图记，致足观也。余惟作圣乃始季疵，独其遗经不多行于世，博雅君子踪迹之无繇也。斋头藏本，每置席间，津津有味不能去。窃不自揣，新之梓，人敢曰附臭味于达者，用以传诸好事云尔。

檇李长水县乐元声书。

（明乐元元声倚云阁本《茶经》刻序）

八、明李维桢《茶经序》

温陵林明甫，治邑之三年，政通人和。讨求邑故实而表章之，于唐得处士陆鸿渐，井泉无恙，而《茶经》湮灭不可读，取善本复校，锲诸梓，而不佞桢为之序。

盖茶名见于《尔雅》，而《神农食经》、华佗《食论》、壶居士《食忌》、桐君及陶弘景录、《魏王花木志》胥载之，然不专茶也。晋杜育《荈赋》、唐顾况《茶论》，然不称经也。韩翃《谢茶启》云：吴主礼贤置茗，晋人爱客分茶，其时赐已千五百串。常鲁使西番，番人以诸方产示之，茶之用已广，然不居功也。其笔诸书，尊为经而人又以功归之，实自鸿渐始。

243

夫扬子云、王文中一代大儒，《法言》中说，自可鼓吹六经，而以拟经之故，为世诟病。鸿渐品茶小技，与六经相提而论，安得人无异议？故溺其好者，谓"穷《春秋》，演《河图》，不如载茗一车"。称引并于禹稷。而鄙其事者，使与佣保杂作，不具宾主礼。《氾论训》曰："伯成子高辞诸侯而耕，天下高之。"今之时，辞官而隐处为乡邑下，于古为义，于今为笑矣，岂可同哉。鸿渐混迹牧竖优伶，不就文学、太祝之拜，自以为高者，难为俗人言也。

所著《君臣契》三卷，《源解》三十卷，《江表四姓谱》十卷，《南北人物志》十卷，《占梦》三卷，不尽传，而独传《茶经》，岂以他书人所时有，此为觭长，易于取名，如承蜩、养鸡、解牛、飞鸢、弄丸、削鐻之属，惊世骇俗耶？李季卿直技视之，能无辱乎哉！无论季卿，曾明仲《隐逸传》且不收矣。费衮云：巩县有瓷偶人，号陆鸿渐，市沽茗不利，辄灌注之，以为偏好者戒。李石云：鸿渐为《茶论》并煎炙法，常伯熊广之，饮茶过度，遂患风气，北人饮者，多腰疾偏死。是无论儒流，即小人且多求矣。后鸿渐而同姓鲁望嗜茶，置园顾渚山下，岁收租，自判品第，不闻以技取辱。

鸿渐问张子同："孰为往来？"子同曰："大虚为室，明月为烛，与四海诸公共处，未尝稍别，何有往来？"两人皆以隐名，曾无尤悔。僧昼对鸿渐，使有宣尼博识，胥臣多闻，终日目前，矜道伐义，适足以伐其性。岂若松岩云月，禅坐相偶，无言而道合，志静而性同。吾将入杼山矣，遂束所著毁之。度鸿渐不胜伎俩磊块，沾沾自喜，意奋气扬，体大节疏，彼夫外饰边幅，内设城府，宁见客耶？圣人无名，得时则泽及天下，不知谁氏。非时则自埋于名，自藏于畔，生无爵，死无谥。有名则爱憎、是非、雌雄片合纷起。鸿渐殆以名诲诟耶？虽然牧竖优伶，可与浮沈，复何嫌于佣保？古人玩世不恭，不失为圣，鸿渐有执以成名，亦寄傲耳！宋子京言，放利之徒，假隐自名，以诡禄仕，肩摩于道，终南嵩山，仕途捷径。如鸿渐辈各保其素，可贵慕也。

太史公曰：富贵而名磨灭，不可胜数，惟俶傥非常之人称焉。鸿渐穷厄终身，而遗书遗迹，百世之下宝爱之，以为山川邑里重，其风足以廉顽立懦，胡可少哉！夫酒食禽鱼，博塞樗蒲，诸名经者伙矣，茶之有经也，奚怪焉！

（民国西塔寺本《茶经》卷首附刻旧序。按：明万历喻政《茶书》卷首亦附刻有此序，清徐国相、宫梦仁纂修《康熙湖广通志》卷六二《艺文·序》亦收录此序，然皆有简脱，故据西塔寺本。并参校其他二种，不备注。）

九、清曾元迈《茶经序》

人生最切于日用者有二：曰饮，曰食。自炎帝制耒耜，后稷教稼穑，烝民乃粒，万世永赖，无俟觊缕矣。惟饮之为道，酒正著于《周礼》，茶事详于季疵。然禹恶旨酒，先王避酒祸，我皇上万言谕曰：酒之为物，能乱人心志，求其所以除痾去疠，风生两腋者，莫韵于茶。茶之事其来已旧，而茶之著书始于吾竟陵陆子，其利用于世亦始于陆子。由唐迄今，无论宾祀燕飨、宫省邑里、荒陬穷谷，脍炙千古。逮茗饮之风行于中外，而回纥亦以马易茶，大为边助。不有陆子品鉴水味，为之分其源、制其具、教其造与饮之类，神而明之，笔之于书而尊为经，后之人乌从而饮其和哉！

余性嗜茶，喜吾友王子闲园宅枕西湖，其所筑仪鸿堂竹木阴森，与桑苎旧趾相望。月夕花晨，余每过从，赏析之余，常以西塔为遣怀之地，或把袂偕往，或放舟同济，汲泉煎茶，与之共酌。于茶醉亭之上，凭吊季疵当年，披阅所著《茶经》，穆然想见其为人。昔人谓其功不稷下，其信然与！迩时余即忻然相订有重刻《茶经》之约，而赀斧难办。厥后予以一官匏系金台，今秋奉命典试江南，复蒙恩旨归籍省觐，得与王子焚香煮茗，共话十余载离绪。王子出平昔考订音韵、正其差讹、亲手楷书茶经一帙示余，欲重刻以广其传，而问序于余。余肃然曰,《茶经》之刻,向来每多脱误,且漶灭不可读,余甚憾之。非吾子好学深思,留心风雅韵事,何能周悉详核至此。亟宜授之梓人,公诸天下,后世岂不使茗饮远胜于酒,而与食并重之,为最切于日用者哉!同人闻之,应无不乐勤盛事,以志不朽者。是为序。

雍正四年岁次丙午仲冬月之既望日。

(清仪鸿堂本《茶经》刻序)

十、民国常乐《重刻陆子茶经序》

邑之胜在西湖,西湖之胜在西塔寺,寺藏菰芦、杨柳、芙蓉中,境邃且幽焉。寺东桑苎庐,陆子旧宅,野竹萧森,莓苔蚀地,幽为尤最也,游者无不憩,憩者无不问《茶经》。经续刻自道光元年附邑志,志无存,经岂得见乎?

予虽缁流,性好书。每载酒从西江逋叟七十七岁源老游,语及《茶经》,叟曰:"读书须识字,《尔雅》:'槚,苦荼。'槚即茗,荼音戈奢反,古正字,其作荼者俗也,《释文》可证也。字改于唐开元时,卫包圣经犹误,况陆子书。'艸木并'一语,疑后人窜入,议者归狱,季疵冤矣。"予心慨然,遂欲有《茶经》之刻。叟曰:"刻必校,经无善本,校奚从?注复不佳,仪鸿堂更谫陋。"予曰："予校其知者，然窃有说也。佛法广大，予不能无界限；佛空诸相，予不能无鉴别。王刻附诸茶事与诗，松陵唱和，朱存理十二先生题词，与陆子何干？予心必乙之。予传陆子，不传无干于陆子者。予生长西湖，将老于西湖，知陆子而已。"叟曰："是也"。校成，徧质诸宿老名士，皆以为可。遂石印而传之。

时去道光辛巳已九十九年，岁在己未，仲秋吉日，竟陵西塔寺住持僧常乐序。

（民国西塔寺本《茶经》刻序）

十一、明童承叙《陆羽赞》

余尝过竟陵，憩羽故寺，访雁桥，观茶井，慨然想见其人。少厌髡缁，笃嗜坟索，本非忘世者。卒乃寄号桑苎，遁踪苕溪，啸歌独行，继以恸哭，其意必有所在，乃比之接舆，岂知羽者哉！至其惟甘茗荈，味辨淄渑，清风雅趣，脍炙古今。张颠之于酒也，昌黎以为有所托而逃，羽亦以为夫！

（明嘉靖二十一年柯双华竟陵本《茶经》附《茶经本传》）

248

十二、明童承叙《童内方与廖野论茶经书》

十二日承叙再拜言，比归，两枉道从，既多简略，日苦尘务，又缺趋候，愧罪如何。叙潦倒蹇拙，自分与林泽相宜，顷修旧庐、买新畬，日事农圃，已遣人持疏入告矣。天下且多事，惟望公等奋出，共济时艰耳！不尽，不尽。《茶经》刻良佳，尊序尤典核，叙所校本大都相同，惟唐皮公日休、宋陈公师道俱有序，兹令儿子抄奉，若再刻之于前，亦足重此书也。天下之善政不必已出，叙可以无梓矣。暇日令人持纸来印百余部如何？匆匆不多具。

（明嘉靖二十一年柯双华竟陵本《茶经》之《茶经外集》附）

十三、明汪可立《茶经后序》

侍御青阳柯公双华，莅荆西道之三年，化行政洽，乃访先贤遗逸而追崇之。巡行所至郡邑，至景陵之西禅寺，问陆羽《茶经》，时僧真清类写成册以进，属校雠于余。将完，柯公又来命修茶亭。噫！千载嘉会也。按陆羽之生也，其事类后稷之于稼穑，羽之于茶，是皆有相之道存乎我者也。后稷教民稼穑，至周武王有天下，万世赖粒食者，春之祈，秋之报，至今祀不衰矣。夫饮犹食也，陆之烈犹稷也。不千余年遗迹埋灭，其《茶经》仅存诸残编断简中，是不可慨哉！及考诸经，为目凡十，其要则品水土之宜，利器用之备，严采造之法，酌煮饮之节，务聚其精腴致美，以致其隽永焉。其味于茶也，不既深乎？矧乃文字类古拙而实细腻，类质縠而实华腴，盖得之性成者不诬，是可以弗传耶？余闻昔之鬻茶者陶陆羽形，祀之为茶神，是亦祀稷之遗意耳。何今之不尔也？虽然道有显晦，待人而彰，斯理之在人心不死有如此者。柯公《茶经》之问、茶亭之树，岂偶然之故哉？今经既寿诸梓，又得儒先之论，名史之赞，群哲之声诗，汇集而彰厥美焉。要皆好德之彝有不容默默焉者也，予敢自附同志之末云。

嘉靖壬寅冬十月朔，祁邑芝山汪可立书。

（明嘉靖二十一年柯双华竟陵本《茶经》）

十四、明吴旦《茶经跋》

予闻陆羽著《茶经》旧矣，惜未之见。客景陵，于龙盖寺僧真清处见之，三复披阅，大有益于人。欲刻之而力未逮。乃率同志程子伯容，共寿诸梓，以公于天下，使冀之者无遗憾焉。刻完敬叙数语，纪岁节于末简。

嘉靖壬寅岁一阳节望日，新安县令后学吴旦识。

（明嘉靖二十一年柯双华竟陵本《茶经》）

十五、明张睿卿《茶经跋》

余尝读东坡《汲江煎茶》诗,爱其得鸿渐风味,再读孙山人太初《夜起煮茶》诗,又爱其得东坡风味。试于二诗三咏之,两腋风生,云霞泉石,磊块胸次矣。要之不越鸿渐《茶经》中。《经》旧刻入《百川学海》。竟陵龙盖寺有茶井在焉,寺僧真清嗜茶,复掇张、欧浮槎等记并唐宋题咏附刻于《经》。但《学海》刻非全本,而竟陵本更烦秽,余故删次雕于坿参轩。时于松风竹月,宴坐行吟,眠云吸花,清谭展卷,兴自不减东坡、太初,奚止"六腑睡神去,数朝诗思清"哉!以茶侣者,当以余言解颐。

西吴张睿卿书。

（明万历喻政《茶书》著录《茶经跋》）

十六、清徐篁《茶经跋》

茶何以经乎?曰:闻诸余先子矣。先子于楚产得屈子之骚、陆子之茶、杜陵之诗、周元公之太极。骚也、茶也而经矣,杜诗则史也,太极则图也。古人视图、史犹刺经也。《河洛》奥府,图也,《尚书》《春秋》,史也。《太玄》中说:"何经之有?"则借矣。虽然,禽也、宅相也、水也、山海也、六博也,皆经矣。经者,常也,

251

即物命则为后起之不能易耳。夫茶也，茶也，槚也，古无以别，则神农不识其名矣。衣之有木绵也，谷之有占粒也，皆季世耳。茶之减价，自君谟始。抑茶为南方之嘉木，古中国北地将浆医之饮，无挈瓶专官者耶？陆子，竟陵人，故邑人如鲁孝廉、陈太理、李宗伯皆为之立说。近人钟学使、谭徵君曾无所发明，岂亦如皮日休怪其不形于诗乎？陆子岂不能诗？以技掩耳。两先生吾乡笃行君子，而以诗掩其行。诗亦技耳！余因先子有未就读陆子《四悲诗》而谨志焉。

十七、民国新明《茶经跋》

《茶经》之刻，今传陆子也，而陆子不待今始传其校字也。人疑师借陆子传也，而师不欲传，亦不知陆子可假借也。其㑇使成事也，逋叟也，而逋叟老益落落，亦无所用其传。四大皆空，彩云忽见。因念陆子当日，非僧非俗，亦僧亦俗，无僧相，亦无无僧相，无俗相，亦无无俗相。师于陆子，无处士相，亦无无处士相。逋叟于师，无和尚相，亦无无和尚相。僧于逋叟，无佚老相，亦无无佚老相。如诸菩萨天，镜亦无镜，花亦无花，水亦无水，月亦无月，无一毫思议，无一毫罣碍，何等通明，何等自在。一切僧众，师叔常福，莫不合掌诵曰：善哉！善哉！如是！如是！即茶之经亦当粉碎，虚空杳杳冥冥，而不尽然也。茶之有经，无翼无胫，不飞不走而亦飞亦走，充塞布满阎浮世界。空仍是色，则又不得不染之楷墨以为跋也。

弟子新明沐浴敬跋。

中华民国二十二年岁次癸酉，阴历小阳月中浣之吉日。

（民国西塔寺本《茶经》跋）

附录三 宋刻《百川学海》本《茶经》考论

陆羽《茶经》是中国古代茶叶文化史上一部划时代的百科全书式巨著，也是世界上第一部关于茶的专门著作，在茶文化史上占有很重要的地位。《茶经》在《新唐书·艺文志》小说类、《通志·艺文略》食货类、《郡斋读书志》农家类、《直斋书录解题》杂艺类、《宋史·艺文志》农家类等书中，都有记载。

《茶经》版本甚多，从陈师道《茶经序》中可知，北宋时即有毕氏、王氏、张氏及其家传本等多种版本。据笔者不完全统计，自宋代至民国，历来相传的《茶经》刊本约有六十余种（包括日本翻刻本）。

南宋以前诸本今皆不存，现存最早《茶经》之版本系左圭编南宋咸淳九年刊《百川学海》本，此后《茶经》的刊刻、钞写多从这里展开，几为现存所有《茶经》版本之祖本。自明清至民国，递修、重编、景刻、翻刻《百川学海》有十多种，它们既是《茶经》众多版本的一部分，同时还影响着《茶经》其他版本的刻印。对《百川学海》本《茶经》版本进行研究，是《茶经》版本研究的一个重要组成部分。本文主要讨论宋刻《百川学海》本《茶经》的一些问题。

一、宋刻《百川学海》本《茶经》之概貌

几经影刻，一九二七年陶氏涉园景刊宋咸淳《百川学海》乙集本《茶经》成为民国以来通行最广的宋版《百川学海》本《茶经》。但这一版本是真正宋版的可能性已为学者所怀疑。布目潮沨先生认为："目前通行于世的《百川学海》虽号称为'民国十六年武进陶氏涉园以宋咸淳本景刊，阙卷用弘治中华氏翻宋本重校摹补之景印本'，唯其版本无法令人置信。"（本文所引布目潮沨之言均见氏著《〈中国茶书全集〉解说》，日本汲古书院 1987 年版。）《百川学海》是南宋左圭于咸淳九年（一二七三）完成的中国最早的一部丛书，有宋刊本的影本（民国十六年，一九二七年武进陶氏涉园景刊），唯《茶经》不是据原刊本加以影印的，似乎是在影印时另据他本补上的。"（布目潮沨对《茶经》部分非宋原刊的怀疑是正确的，但陶氏涉园之景刊《茶经》部分确又并非以他本所补，而是涉园本宋刻另有所据。因为涉园本对宋本残缺部分的补写都有明确的说明，缺页标以"此页缺按华氏翻宋本补"并钤"涉园补钞"印，缺卷标以"第 × 卷至 × 卷宋本缺以明弘治年华氏翻宋本重校摹补"并钤"涉园补钞"印，缺书标以"宋本缺以明弘治年华氏翻宋本重校摹补"并钤"涉园补钞"印，而为宋刻本者每书后则钤以"曾在陶涉园处""涉园珍秘""阳湖陶

氏涉园藏书"等印,《茶经》卷终处钤"涉园珍秘"印,则陶氏当时所录为宋本,所印虽非原始宋本,确系另有所据。)

布目潮沨认为今后《茶经》的研究应当用日本宫内厅书陵部藏旧刊《百川学海》本乙集下《茶经》本为底本,因为与面目完整的明弘治十四年序无锡华珵刊《百川学海》壬集本相比,它是"未经假手的最古本的《百川学海》"本,"或许就是宋版也说不定"。布目潮沨先生以学者的敏感看到宫内厅本的价值,但是却未能论证,且说《茶经》完全未经假手,则也未必。

中国国家图书馆善本古籍部藏有一部宋刻《百川学海》(缺佚部分以陶氏涉园景本补钞,《茶经》部分为原帙非补钞),不知布目潮沨先生为何未曾找寻到此。(是因为以前没有出版书目公示?布目潮沨先生论明嘉靖竟陵柯双华刊本、郑熜校刻本茶经时亦未提及国图藏本。)比校国图所藏宋刻百川本、日本宫内书陵部百川本、明代华氏百川本以及民国陶园景宋百川本《茶经》,可以看到宋《百川学海》本《茶经》的原貌,并看到后世刊刻的改动及源流。

中国国家图书馆所藏宋刻《百川学海》本《茶经》,半页十二行,每行二十字。版框上下栏单线,左右栏双线。页中版心双鱼尾,鱼尾上下各有象鼻标线。上鱼尾下标"茶上""茶中""茶下"诸分卷标识,下鱼尾上标页码，每卷页码皆分别从头标识。全文二十页，其中一页只有"《茶经》卷上"的卷末标识而无正文内容。内容分上、中、下三卷十类。首页钤"宋本""竹坞""季振宜藏书""刘占洪少山氏珍藏"印，较陶氏景印本多"刘占洪少山氏珍藏"印，且"竹坞"印所钤位置较陶氏景印本低约一字。

中国国家图书馆藏宋刻《百川学海》本《茶经》在壬集，与日本宫内厅书陵部藏旧刊《百川学海》本序目不同。实为《百川学海》本在流传过程中部帙散乱所致。明代华氏递修《百川学海》时当即已散乱，故其编目即与宫内厅旧刊《百川学海》本不同。民国陶氏所得宋本《百川学海》亦是部帙散乱，在景刊时即循所得日本宫内省目录及左圭自序编目刊刻。（民国博古斋影刊明华氏《百川学海》本刻书序误以为华氏《百川学海》的目录即为南宋左圭咸淳刊《百川学海》本目录。）

从内容来看，宋刻《百川学海》本《茶经》，很可能直接从陈师道所言及的北宋诸种家藏钞写本而来，刻书者并未进行严密的校订，传钞乃至刻写过程中的讹误用字、脱漏写，在宋刻本中还不属少见。今举其明显讹误者如下：

（1）卷上第一页上"叶如丁香"，前文已有"叶如栀子"，再以"叶"如丁香，误；

（2）卷上第一页上"开元文字者义"，当为"音"；

（3）卷上第一页上"价苦茶"，当为"槚""茶"；

（4）卷上第一页上"杨执战"，当为"扬""戟"；

（5）卷上第一页下"中者生栎壤"，当为"砾"；

（6）卷上第一页下"籀《汉书》者盈"，当为"音"；

（7）卷中第一页下"其炉或鍜铁为之"，当为"锻"；

（8）卷中第二页上"六出固眼"，当为"圆"；

（9）卷中第三页下"浮云出山者，轮菌然"，当为"囷"；

（10）卷中第三页下"故厥状委莘然"，当为"悴"；

（11）卷中第六页上"其到者，悉敛诸器物"，当为
"具列"；

（12）卷下第二页上"至美者西隽永"，当为"曰"；

（13）卷下第二页上"史长曰隽永"，当为"味"；

（14）卷下第二页下"去而言"，当为"呿"；

（15）卷下第二页下"间于鲁周公"，当为"闻"；

（16）卷下第三页上"两都并荆俞间"，当为"渝"；

（17）卷下第三页上"或用葱、姜、枣、橘皮、茱
萸、薄蔺之等"，当为"荷"；

（18）卷下第三页上"王皇炎帝神农氏"，当为"三"；

（19）卷下第五页上"吾体中溃闷"，当为"愦"；

（20）卷下第五页下"皎皎颇白晳"，当为"晢"；

（21）卷下第八页上"责山君服之"，当为"黄"；

（22）卷下第八页下"《栝地图》"，当为"括"；

258

（23）卷下第八页下"本草菜部苦茶一名茶"，"疑此
即是今茶一名茶"，"按《诗》云谁谓茶苦又云
堇茶如饴"，皆当为"茶"；

（24）卷下第九页下"蜀州责城县生丈人山"，当为
"青"。

这些讹误使得宋刻《百川学海》本虽是现存最早的
《茶经》版本，但却不是最好的善本。这也使得后世《茶
经》在刊刻过程中，增注、甚至对《茶经》原文的直接
修改比比皆是。

此外，宋刻《百川学海》本《茶经》中还有一些经
考证即可证明其错误的文字，它们与脱漏衍误字一起，
或者影响着人们对《茶经》的阅读理解，或者传播一些
不准确的知识。限于篇幅，此处不详述。

二、中国国家图书馆宋刻《百川学海》本与日本宫内厅
书陵部《百川学海》本《茶经》之异同

中国国家图书馆宋刻《百川学海》本《茶经》与日
本宫内厅书陵部藏旧刊《百川学海》本《茶经》在版式、
版心等方面完全相同，但在某些个别文字方面还是存在
着不同。

（1）卷下第一页上"蒸罢热捣"，中国国家图书馆宋刻本为"茶"，系原书漫漶脱印为后人所描写；（明华氏《百川学海》本为"蒸"）

（2）卷下第一页上"无穰骨"，中国国家图书馆宋刻本为"穰"，系原书漫漶脱印为后人所描写；（明华氏《百川学海》本为"穰"）

（3）卷下第一页上"用纸囊贮之"，中国国家图书馆宋刻本为"纸"，系原书漫漶脱印为后人所描写；（明华氏《百川学海》本为"纸"）

（4）卷下第一页下"膏木为柏、栎、桧也"，中国国家图书馆宋刻本为"本""谓""桂"，系原书漫漶脱印为后人所描写；（明华氏《百川学海》本为"木""谓""桂"）

（5）卷下第一页下"江水次"，中国国家图书馆宋刻本为"中"，系原书漫漶脱印为后人所描写；（明华氏《百川学海》本为"中"）

（6）卷下第一页下"腾波鼓浪"，中国国家图书馆宋刻本为"鼓"，系原书漫漶脱印为后人所描写；（明华氏《百川学海》本为"鼓"）

（7）卷下第五页上"吾丹丘子"，中国国家图书馆宋刻本为"工"，系原书漫漶脱印；（明华氏《百川学海》本亦为"工"）

（8）卷下第五页下"皎皎颇白皙"，中国国家图书馆宋刻本为"曰"，系原书漫漶脱印。（明华氏《百川学海》本为"白"）

流落到日本的中国古籍，与留存在国内的古籍相比，即使版式完全相同，也会存在某些页面漫漶脱印处的不同，中国国家图书馆宋刻《百川学海》与日本宫内厅书陵部旧藏《百川学海》本《茶经》就是这种情况。（中国国家图书馆藏明郑熜校刊本《茶经》与日本藏明版郑熜校刊本《茶经》，也存在这样的情况。）

以中国国家图书馆所藏宋刻《百川学海》本、明华氏本与日本宫内厅本相较，日本宫内厅本当是印刷较好的宋版《茶经》，在使用中国国家图书馆宋刻《百川学海》本《茶经》时，应当参照宫内厅本。

但是宫内厅本《茶经》又未必如布目潮沨先生所说的那样"未经人手"，它虽确未经后人改写，但当还是经过人描写的。笔者因未能亲见宫内厅原本，不能遽下断言其与中国国家图书馆所藏宋刻《百川学海》本《茶经》的不同处也都经由后人描写，但"膏木为柏、柽、桧也"句，为人描写的可能性是比较显然的。在宫内厅与中国国家图书馆本的三个不同字中，"木"描为"本"之误可不论，"为""谓"之别亦无实质之差，但"柽"字却大有可疑。一则此处言膏木为有油脂的树木，柏、桂、桧都是所指有脂之树，而柽为河柳非含油脂之木；二则明华氏、郑氏文宗堂《百川学海》本皆为"桂"，且除宫内厅本外其他所有几十种《茶经》刊本未有刻为"柽"者。所以应综合中国国家图书馆本和宫内厅本来使用宋刻《百川学海》本《茶经》。

三、中国国家图书馆宋刻百川本与民国陶氏景刊《百川学海》本《茶经》之异同

陶氏景刊《百川学海》本《茶经》，虽名曰景宋版，但与中国国家图书馆宋刻《百川学海》本存在着明显的不同。

一是在版式方面。陶氏景刊本与宋刻《百川学海》本《茶经》在版式上基本相同，所不同者，陶氏本上、中、下三卷每卷第一页及末页鱼尾下的"茶上""茶中""茶下"均标以"❖"号，页码则仍是连续标识同宋刻本。此外，作为模写景刻本，陶氏本字体的书写刊刻，笔画不及宋刻本遒劲有力，字形不及宋本饱满生动。

二是在文字内容方面，陶氏景刊本与宋刻《百川学海》本存在着较多的不同，而这些不同正是学者诟病景刊者以意改篡宋刻《百川学海》本《茶经》的主要方面。

（1）卷上第一页上"开元文字音义"，"音"，宋刻本为"者"；

（2）卷上第一页上"槚苦荼"，"槚""荼"，宋刻本
为"价""荼"；

（3）卷上第一页上"杨执戟"，"戟"，宋刻本为"战"；

（4）卷上第一页下"虌《汉书》音盈"，"音"，宋刻
本为"者"；

（5）卷上第三页上"发于蔡薄之上"，"蔡"，宋刻本
为"藜"；

（6）卷上第三页下"廉襜然"，"襜"，宋刻本为"襜"；

（7）卷上第三页下"至叶凋沮"，"至"，宋刻本为"茎"；

（8）卷中第一页上"置墆堁于其内"，"堁"，宋刻本
为"（"；

（9）卷下第一页上"茶罢热捣"，"茶"，宋本原书
脱印此字，为后人描写为"茶"，但检华氏递修
本及日本宫内厅本皆为"蒸"，则宋本原文当为
"蒸"，后人描写者误；

（10）卷下第一页下"败器谓朽废器也"，"器"，宋刻
本为"嚤"；

（11）卷下第一页下"拣乳泉石地慢流者上"，"地"，
宋刻本为"池"；

（12）卷下第二页上"至美者曰隽永"，"曰"，宋刻
本为"西"；

（13）卷下第二页下"其馨歠也（香至美曰歠，歠音
使）"，"歠"，宋刻本为"歀"；

（14）卷下第五页上"予丹丘子也"，"予"，宋刻本
漫漶脱印为"工"；

（15）卷下第六页下"示以蔡茗而去"，"蔡"，宋刻
本为"蘘"；

（16）卷下第六页下"异苑"，"苑"，宋刻本为"菀"；

（17）卷下第六页下"从是祷馈愈甚"，"馈"，宋刻
本为"馈"；

（18）卷下第七页上"新安王子鸾豫章王子"，"豫"，
宋刻本为"豫"；

（19）卷下第七页下"陶弘景《杂录》"，"弘"，宋刻
本为"瓠"；

（20）卷下第八页上"昔丹丘子、青山君服之"，"青"，
宋刻本为"青"；

（21）卷下第八页下"《括地图》"，"括"，宋刻本为
"栝"；

（22）卷下第八页下"本草菜部苦茶一名荼"，"疑此
即是今茶一名荼"，"按《诗》云谁谓荼苦又云
堇荼如饴"，"荼"，宋刻本为"茶"；

（23）卷下第九页下"蜀州青城县生丈人山"，"青"，
宋刻本为"青"。

应当说（1）（2）（3）（4）（12）（17）（21）（22）诸
项是陶氏景刊本改正宋本《茶经》之误者，这些错误在

明代中期以后的《茶经》刊本中即已被改正，陶氏景刊宋《百川学海》本时或许参考了明代以来的改正。布目潮沨先生认为陶氏景刊本《茶经·一之源》小注中三处，即本文所列的（1）（2）（3）项与宫内厅本（亦即宋刻本）不同处是"景刊本于摹补时以意改的"，则是未必尽然。而（7）（9）（11）（20）诸项则是愈改愈误。其他一些不同项则是修改了宋刻本的一些异写或小有笔误的字体。

但是，不论陶氏景刊本的改动是否有凭据，如果在宋刻本的意义上来使用它，则必须相当小心。

四、简短的结论

南宋咸淳刊《百川学海》本《茶经》是现存最早的《茶经》版本，中国国家图书馆所藏宋《百川学海》本有较多漫漶脱印处。经与宋刻本及明代华氏递修《百川学海》本比较研究，日本宫内厅书陵部所藏旧刊《百川学海》本《茶经》亦是宋刻本，且为后人描写处较少。宫内厅本宋刻《茶经》已经布目潮沨先生刊印，方便茶文化研究者使用。而民国陶氏景刊宋《百川学海》本《茶经》，因为改易太多，使用时需谨慎。

引用书目

1　《周礼》，中华书局 1980 年影印《十三经注疏》本

2　《庄子》，上海书店 1986 年影印《诸子集成》本

3　《诗经》，中华书局 1980 年影印《十三经注疏》本

4　《周易》，中华书局 1980 年影印《十三经注疏》本

5　《尔雅》，中华书局 1980 年影印《十三经注疏》本

6　《晏子春秋》，上海书店 1986 年影印《诸子集成》本

7　《左传》，中华书局 1980 年影印《十三经注疏》本

8　《楚辞集注》，〔宋〕朱熹集注，中华书局 1991 年丛书集成初
　　编本

9　《神农本草经》，〔三国魏〕吴普等述，中华书局 1985 年《丛
　　书集成初编》本

10　《史记》，〔汉〕司马迁撰，中华书局 1959 年点校本

11　《毛诗注疏》，中华书局 1989 年影印《四部备要》本

12　《释名》，〔汉〕刘熙撰，中华书局 1985 年版《丛书集成初编》本

13　《说文解字》，〔汉〕许慎撰，〔宋〕徐铉注，中华书局 1985 年
　　版《丛书集成初编》本

14　《汉书》，〔汉〕班固撰，中华书局 1962 年点校本

15　《淮南子》，〔汉〕淮南王刘安撰，上海书店 1986 年影印《诸
　　子集成》本

16　《急就篇》，〔汉〕史游撰，〔唐〕颜师古注，中华书局 1962 年
　　点校本

266

17 《毛诗草木鸟兽虫鱼疏》，〔三国吴〕陆玑撰，中华书局 1985
年版《丛书集成初编》本

18 《曹子建集》，〔三国魏〕曹植撰，上海古籍出版社 1993 年版
《四部精要》本

19 《广雅疏证》，〔三国魏〕张揖撰，〔清〕王念孙疏证，中华书
局 1985 年版《丛书集成初编》本

20 《古今注》，〔晋〕崔豹撰，上海商务印书馆 1956 年版

21 《三国志》，〔晋〕陈寿撰，陈乃乾校点，中华书局 1959 年版

22 《搜神记》，〔晋〕干宝撰，汪绍楹校注，中华书局 1979 年版

23 《续搜神记》，〔晋〕陶潜撰，上海古籍出版社 1988 年影印《说
郛三种》本

24 《荆州记》，〔南朝宋〕盛弘之撰，湖北人民出版社 1999 年《荆
州记九种》点校本

25 《异苑》，〔南朝宋〕刘敬叔撰，范宁点校，中华书局 1996 年版

26 《鲍明远集》，〔南朝宋〕鲍照撰，明万历十一年（1583）刊
《汉魏诸名家集》本

27 《后汉书》，〔南朝宋〕范晔撰，〔唐〕李贤等注，中华书局
1965 年点校本

28 《世说新语笺疏》，〔南朝宋〕刘义庆撰，余嘉锡笺疏，上海古
籍出版社 1993 年版

29 《诗品》，〔南朝宋〕钟嵘撰，陈延杰注，人民文学出版社
1961 年版

30 《玉台新咏笺注》，〔南朝陈〕徐陵撰，穆克宏点校，中华书局
1985 年版

31 《玉篇》，〔南朝梁〕顾野王撰，中华书局 1936 年版《四部备
要》本

32 《南齐书》，〔南朝梁〕萧子显撰，中华书局 1972 年点校本

33 《高僧传》，〔南朝梁〕释慧皎撰，汤用彤校注，中华书局 1992 年版

34 《齐民要术校释》，〔后魏〕贾思勰撰，缪启愉校释，中国农业出版社 1998 年版

35 《水经注》，〔北魏〕郦道元撰，陈桥驿注释，浙江古籍出版社 2001 年版

36 《洛阳伽蓝记译注》，〔后魏〕杨衒之撰，周振甫译注，江苏教育出版社 2006 年版

37 《刘子新论》，〔北齐〕刘昼撰，明万历二十年（1592）程荣刻本

38 《魏书》，〔北齐〕魏收撰，中华书局 1974 年点校本

39 《隋书》，〔唐〕魏征、令狐德棻撰，中华书局 1973 年点校本

40 《北史》，〔唐〕李延寿撰，中华书局 1974 年点校本

41 《南史》，〔唐〕李延寿撰，中华书局 1975 年点校本

42 《括地志辑校》，〔唐〕李泰等撰，贺次君辑校，中华书局 1980 年版

43 《新修本草》，〔唐〕李勣、苏敬等撰，上海群联出版社 1955 年影印清《篹喜庐丛书》本

44 《续高僧传》，〔唐〕释道宣撰，明万历径山藏本

45 《艺文类聚》，〔唐〕欧阳询撰，汪绍楹校，上海古籍出版社 1982 年版

46 《元和郡县图志》，〔唐〕李吉甫撰，贺次君点校，中华书局 1983 年版

47 《梁书》，〔唐〕姚思廉撰，中华书局 1973 年点校本

48 《唐国史补》，〔唐〕李肇撰，上海古籍出版社 1979 年版

49 《因话录》，〔唐〕赵璘撰，上海古籍出版社 1979 年版

50 《备急千金要方》，〔唐〕孙思邈撰，清康熙三十年（1691）江西刻本

51　《晋书》，［唐］房玄龄等撰，中华书局 1974 年点校本

52　《北堂书钞》，［唐］虞世南撰，明万历二十八年（1600）刻本

53　《大业杂记》，［唐］杜宝撰，辛德勇辑校，三秦出版社 2006 年版

54　《茶述》，［唐］裴汶撰，浙江摄影出版社 1999 年《中国古代茶叶全书》辑校本

55　《膳夫经手录》，［唐］杨晔撰，［清］毛氏汲古阁抄本

56　《松陵集》，［唐］皮日休、陆龟蒙撰，文渊阁《四库全书》本

57　《四时纂要》，［唐—五代］韩鄂撰，农业出版社 1981 年校释本

58　《茶谱》，［五代］毛文锡撰，浙江摄影出版社 1999 年《中国古代茶叶全书》辑校本

59　《旧唐书》，［后晋］刘昫等撰，中华书局 1975 年点校本

60　《太平寰宇记》，［宋］乐史撰，中华书局 2000 年影宋版

61　《太平御览》，［宋］李昉等撰，中华书局 1960 年影宋版

62　《文苑英华》，［宋］李昉等编，中华书局 1966 年影宋—明版

63　《册府元龟》，［宋］王钦若等编，中华书局 1960 年影明版

64　《事类赋注》，［宋］吴淑撰，冀勤等校点，中华书局 1989 年版

65　《集韵》，［宋］丁度等编，中华书局 2005 年版

66　《新唐书》，［宋］欧阳修、宋祁撰，中华书局 1975 年点校本

67　《唐会要》，［宋］王溥撰，中华书局 1955 年重印《国学基本丛书》本

68　《崇文总目》，［宋］王尧臣等编次，钱东垣等辑释，中华书局 1985 年版《丛书集成初编》本

69　《重修政和经史证类本草》，［宋］唐慎微撰，上海书店 1989 年版《四部丛刊初编》本

70　《埤雅》，［宋］陆佃撰，书目文献出版社 1988 年版《北京图书馆古籍珍本丛刊》本

71　《尔雅翼》，［宋］罗愿撰，文渊阁《四库全书》本

72 《海录碎事》,〔宋〕叶廷珪撰,李之亮校点,中华书局 2002 年版

73 《舆地纪胜》,〔宋〕王象之撰,中华书局 1992 年版

74 《玉海》,〔宋〕王应麟撰,日本东京中文出版社 1984 年版中日合璧影印本

75 《通志》,〔宋〕郑樵撰,中华书局 1987 年影印十通本

76 《路史》,〔宋〕罗泌撰,中华书局 1985 年版《丛书集成初编》本

77 《岁时杂咏》,〔宋〕蒲积中撰,文渊阁《四库全书》本

78 《唐诗纪事》,〔宋〕计有功撰,上海古籍出版社 1987 年版

79 《后山集》,〔宋〕陈师道撰,文渊阁《四库全书》本

80 《记纂渊海》,〔宋〕潘自牧撰,中华书局 1988 年影印本

81 《金石录校证》,〔宋〕赵明诚撰,金文明校证,广西师范大学出版社 2005 年版

82 《万首唐人绝句》,〔宋〕洪迈辑,北京文学古籍刊行社 1955 年影印明刻本

83 《方舆胜览》,〔宋〕祝穆撰,施和金点校,中华书局 2003 年版

84 《侯鲭录》,〔宋〕赵令畤撰,中华书局 2002 年校点本

85 《画墁录》,〔宋〕张舜民撰,中华书局 1991 年校点本

86 《六书故》,〔宋〕戴侗撰,文渊阁《四库全书》本

87 《宋史》,〔元〕脱脱等撰,中华书局 1977 年点校本

88 《唐才子传校正》,〔元〕辛文房撰,周本淳点校,江苏古籍出版社 1987 年版

89 《茗笈》,〔明〕屠本畯撰,毛氏汲古阁《群芳清玩》刻本

90 《本草纲目》,〔明〕李时珍撰,人民卫生出版社 1978 年版

91 《天中记》,〔明〕陈耀文撰,明万历刻本

92 《大明一统志》,〔明〕李贤、万安等撰,明嘉靖书林杨氏归仁斋刻本

93 《吴兴掌故集》，［明］徐献忠撰，上海书店1994年版《丛书集成编》本

94 《弇州四部稿》，［明］王世贞撰，文渊阁《四库全书》本

95 《蜀中广记》，［明］曹学佺撰，文渊阁《四库全书》本

96 《浙江通志》，［清］嵇曾筠等修，上海古籍出版社1991年版

97 《方言笺疏》，［清］钱绎撰，上海古籍出版社1984年影印清光绪十六年红蝠山房本

98 《全上古三代秦汉三国六朝文》，［清］严可均校辑，中华书局1958年影印广雅书局本

99 《康熙字典》，上海汉语大词典出版社2005年标点整理本

100 《大清一统志》，［清］和珅等修，文渊阁《四库全书》本

101 《同治湖州府志》，［清］宗源翰等修纂，上海书店1993年《中国地方志集成》影印清同治刻本

102 《光绪永嘉县志》，［清］张宝琳等修，上海书店1993年《中国地方志集成》影印清光绪刻本

103 《光绪沔阳州志》，［清］葛振元、杨钜修纂，江苏古籍出版社2001年《中国地方志集成》影印清光绪刻本

104 《四库全书总目》，中华书局1965年版

105 《全唐诗》，中华书局1965年版

106 《中国小说史略》，鲁迅撰，人民文学出版社1955年版《鲁迅全集》第九卷

107 《汉语大字典》，湖北辞书出版社、四川辞书出版社1996年版

108 《中国通史》，范文澜等撰，人民出版社1978年版

109 《中国茶酒辞典》，张哲永、陈金林、顾炳权主编，湖南出版社1991年版

110 《敦煌医药文献辑校》，马继兴等辑校，江苏古籍出版社1998年版

111 《茶经浅释》，张芳赐、赵从礼、喻盛甫撰，云南人民出版社 1981 年版

112 《陆羽茶经译注》，傅树勤、欧阳勋撰，《天门文艺》增刊 1981 年版

113 《茶经语释》，蔡嘉德、吕维新撰，农业出版社 1984 年版

114 《茶经述评》，吴觉农主编，农业出版社 1987 年版，2005 年第二版

115 《茶经论稿》，陆羽研究会编，武汉大学出版社 1988 年版

116 《陆羽茶经校注》，周靖民撰，湖南出版社 1992 年版《中国茶酒辞典》附

117 《中国古代茶叶全书》，阮浩耕、沈冬梅、于良子点校，浙江摄影出版社 1999 年版

118 《陆羽〈茶经〉解读与点校》，程启坤、杨招棣、姚国坤撰，上海文化出版社 2003 年版

119 《茶经考略》，程光裕撰，台湾文化大学《华冈学报》第一期

120 《陆羽全集》，张宏庸编，台湾茶学文学出版社 1985 年版

121 《茶经》，吴智和撰，台北金枫出版社 1987 年版

122 《陆羽茶经讲座》，林瑞萱撰，台北武陵出版有限公司 2000 年版

123 《中国の茶书》，布目潮渢等撰，日本平凡社 1976 年版

124 《茶经详解》，布目潮渢撰，日本淡交社 2001 年版

125 《中国茶书全集》，布目潮渢编，日本汲古书院 1987 年版

126 《茶道古典全集》第一卷，千宗室总监修，日本淡交社 1977 年版

后记

　　我从 1990 年最初接触茶文化起，就着手校勘《茶经》，以为这是茶文化研究的基础工作之一。经过十五六年，由简入繁地做了三次《茶经》校勘工作。最初在与阮浩耕、于良子先生合作编集的《中国古代茶叶全书》中，做了五六种《茶经》版本的校勘。2001 年应郑培凯教授约请赴香港城市大学中国文化中心，协助朱自振先生编校《中国古代茶书全编》，对十余种版本的《茶经》进行了校勘。2002 年返京后，又与朱自振先生一起接受了全国古籍整理委员会的《茶经》校注项目。后因朱自振先生接受南京农业大学返聘，返校主持茶史研究及指导博士生的工作，暂时无暇顾及其他项目，《茶经》校注的工作便由我单独进行。

　　此次整理，我对《茶经》版本进行了广泛的搜罗，共阅览了现在可见的五十多种版本，在基本了解历代《茶经》刊刻面貌的基础上，共使用包括底本在内的三十多种《茶经》版本进行校勘工作。感谢日本东京学艺大学教授高桥忠彦先生、台湾大学林幸慧博士分别无偿提供了程荣校刻本《茶经》及玉茗堂主人别本《茶经》本

《茶经》的影印件，为我了解历代《茶经》刊刻的全貌提供了不可或缺的条件。

千百年来，古今中外的学人对《茶经》做了大量校刊与注释，尤其是 20 世纪后半期，《茶经》注释与解读的成果迭出。在本书的注释中，有些注释对现有的研究成果择善而从，而为免行文冗沓，除少数引录外，一般不在行文中注明所引成果，而在书后所列参考文献中列举。只在有不同观点时方列举各家之论以说明。在此，对前贤今哲所做研究深表敬意。

特别感谢古籍专家许逸民先生，本书的初稿沿袭现有《茶经》版本校的做法，罗列各版本相异处，殊显芜杂冗沓。许先生不仅详细指点了古籍整理的规范，还在许多具体的校注方面提出了精到的见解。

农业出版社穆祥桐先生在促成本书立项及编辑文稿方面做了大量深入细致的工作，没有他的努力，本书是不可能奉呈给读者的。在此，谨对穆祥桐先生为本书以及特别是为《茶经译注》等茶文化研究成果出版所做的工作与贡献，诚表谢意。

2006 年 8 月 15 日

补记

《茶经》是茶文化经典中的经典，对它的阅读与研究，是常读常新的。《茶经校注》初版以来已历经 18 个春秋，期间我对《茶经》的版本校勘、注释、白话翻译以及内容点评的成果，陆续以不同的形式出版，为各大高校茶专业学生、各界喜爱茶文化的人士选读。

茶文化在当下传统文化传播中有着不可或缺的作用，建塔聚沙，很高兴我的研究也为之效力绵薄并获得了广泛认可：2023 年 CCTV 文化类节目《典籍里的中国》第二季第八期——《茶经》，邀请我为本期的首席专家和访谈嘉宾；2023"左圭奖"中国茶传播者奖，颁授给我杰出成就奖。

感谢北京科学技术出版社编辑团队精心编辑诸种研究成果合体出版《茶经译注》。茶香书香，期待本书继续传播《茶经》的隽永。

2024 年 3 月 25 日